Gloggengießer · Kröplin · Lhotzky

Quadratische Gleichungen und Funktionen

programmiert

Mathematik in der Sekundarstufe I

Gloggengießer · Kröplin
Lhotzky

Quadratische Gleichungen und Funktionen

programmiert

CIP-Kurztitelaufnahme der Deutschen Bibliothek

Gloggengiesser, Helmut:
Mathematik in der Sekundarstufe I [eins]:
programmiert/Gloggengiesser; Kröplin; Lhotzky.
— Landsberg am Lech: mvg
NE: Kröplin, Eckart: Lhotzky, Alexander:
→ Gloggengiesser, Helmut: Quadratische Gleichungen und Funktionen

Gloggengiesser, Helmut:
Quadratische Gleichungen und Funktionen:
programmiert/Gloggengiesser; Kröplin; Lhotzky.
— Landsberg am Lech: mvg, 1981.
(Mathematik in der Sekundarstufe eins/Gloggengiesser; Kröplin; Lhotzky)
ISBN 3-478-03810-3
NE: Kröplin, Eckart: Lhotzky, Alexander:

© 1981 moderne verlags gmbh
Wolfgang Dummer & Co., 8910 Landsberg am Lech
Satz: R. & J. Blank, Composer- & Fotosatzstudio GmbH, München
Druck: Schoder, Gersthofen
Bindearbeiten: Thomas-Buchbinderei, Augsburg
Printed in Germany · 030810/1 081 302
ISBN 3-478-03810-3

Vorwort

Die „Quadratischen Gleichungen und Funktionen" sind eine Fortsetzung der „Linearen Gleichungen und Ungleichungen". Dieser Band befaßt sich vorwiegend mit den Rechenregeln für Quadratwurzeln und dem Lösen quadratischer Gleichungen. Aber auch quadratische Ungleichungen sowie Gleichungen höheren Grades, die sich auf quadratische zurückführen lassen, werden behandelt.

Die Darstellung ist straff. Wir wenden uns an Leser, die in kurzer Zeit das Wesentliche erfassen wollen. Einige Voraussetzungen mußt du mitbringen. Du sollst die Grundbegriffe der Mengenlehre kennen, mit allgemeinen Zahlen rechnen und lineare Gleichungen und Ungleichungen lösen können. Diese Gebiete sind in den Bänden „Elemente der Algebra" und „Lineare Gleichungen und Ungleichungen" behandelt. Die in diesem Band verwendeten Zeichen sind im Anschluß an das Vorwort zusammengestellt.

Das Buch ist programmiert. Du brauchst keinen Lehrer. Du arbeitest selbständig, so schnell oder auch so langsam, wie du willst.

Der Stoff ist in 16 Lehrprogramme aufgeteilt mit durchschnittlich 10 Lernschritten oder „Frames". Jedes Frame enthält eine Information und im Anschluß daran eine Aufgabe, die du nur lösen kannst, wenn du die Information verstanden hast. Du bist so gezwungen, ständig über das Gelesene nachzudenken. Hin und wieder sind Tests eingestreut. Sie zeigen dir, ob du genügend weißt, um sinnvoll weiterarbeiten zu können. Sofern du einen Test nicht schaffst, findest du Anweisungen, die dir weiterhelfen.

Wenn dir der Stoff dieses Bandes neu ist,

solltest du das Buch vollständig durcharbeiten. Lege dir bitte ein Heft an, in das du die Lösungen der Aufgaben einträgst. Beginne mit Frame A 1. Vergleiche dein Ergebnis mit den Lösungen auf Seite 105. War die Antwort richtig, gehe zum nächsten Frame über. War die Antwort falsch, lies die Information noch einmal aufmerksam. Du wirst mit Hilfe der richtigen Lösung leicht feststellen, wo dein Fehler lag. Arbeite so schrittweise das ganze Programm A durch. Überspringe kein Frame, denn jedes Frame enthält eine wichtige Information. Am Ende von Programm A erhältst du neue Anweisungen.

Willst du diesen Band nur zur Wiederholung verwenden, *beginne bitte mit Test I auf Seite 25. Im Anschluß an diesen Test findest du weitere Anweisungen, die dich durch die für dich wichtigen Teile des Buches leiten. Diesen Weg wirst du vor allem dann wählen, wenn du als Schüler eines Gymnasiums oder einer Realschule zu „schwimmen" beginnst und deine Lücken mit möglichst geringem Zeitaufwand schließen willst.*

Zeichenübersicht:

$\mathbb{Z}$	Menge der ganzen Zahlen $\{0; 1; -1; 2; -2; \ldots\}$
$\mathbb{Q}$	Menge der rationalen Zahlen (Brüche) $\{\ldots; \frac{2}{3}; -\frac{5}{2}; 0; 3{,}7; \ldots\}$
$\mathbb{R}$	Menge der reellen Zahlen
$A \subseteq \mathbb{B}$	A ist Teilmenge von $\mathbb{B}$
$\{3; -2; 6\}$	Menge, die die Elemente $3; -2$ und 6 enthält
$\emptyset$	leere Menge
$\{x \mid 2 < x\}$	Menge aller x, für die $2 < x$ gilt
$a < b$	a ist kleiner als b
$a \geq b$	a ist größer oder gleich b
$A \vee B$	A oder B
$A \wedge B$	A und B
$A \Rightarrow B$	aus A folgt B

Inhaltsverzeichnis

I. Teil: Die Quadratwurzel

A   Quadratzahl und Quadratwurzel 10
B   Zehnerpotenzen, Quadrate und Wurzeln 15
C   Intervallschachtelung 20
Test I 25

II. Teil: Das Rechnen mit Quadratwurzeln

D   Eigenschaften der Quadratwurzel 28
E   Multiplikation und Division von Wurzeln 32
F   Teilweises Radizieren 36
G   Rationalmachen des Nenners 40
Test II 45

III. Teil: Die quadratische Gleichung

H   Die quadratische Ergänzung 48
I   Die Lösungsformel der quadratischen Gleichung 55
J   Gleichungen, die auf quadratische führen 62
K   Wurzelgleichungen 71
Test III 78

IV. Teil: Graphische Lösungsmethoden

L   Graphische Lösung quadratischer Gleichungen 80
M   Quadratische Ungleichungen 86
Test IV 90

V. Teil: Produktdarstellungen

N Produktdarstellungen quadratischer Terme 92
O Division durch einen Linearfaktor 98
P Gleichungen höheren Grades 105
Test V 109

Lösungen 111

I. Teil: Die Quadratwurzel

Auf Quadratwurzeln stößt du beim Lösen quadratischer Gleichungen. Aber auch einfachste geometrische Probleme lassen sich ohne Quadratwurzeln nicht bewältigen.
Du sollst etwa die Länge x der Diagonalen eines Quadrats mit der Seite 1 bestimmen. Das Quadrat hat den Flächeninhalt 1. Die Fläche des Quadrats über der Diagonalen x ist, wie du der Figur entnehmen kannst, doppelt so groß. Also ist der Flächeninhalt

$x^2 = 2$.

Daraus ergibt sich die Länge der Diagonalen als die Quadratwurzel aus 2.
Quadratwurzeln kann man beliebig genau durch Dezimalbrüche annähern. Solche Näherungswerte bestimmst du am besten mit dem Taschenrechner. Er besitzt meistens eine eigene Taste für diesen Zweck.
Wir werden feststellen, daß eine genaue Angabe von Quadratwurzeln durch Brüche im allgemeinen nicht möglich ist. Quadratwurzeln sind meist keine Brüche. Es sind neue Zahlen, die man zu den Brüchen hinzunehmen muß.

A Quadratzahl und Quadratwurzel

A 1 Eine Zahl quadrieren bedeutet, die Zahl mit sich selbst zu multiplizieren. Das Quadrat von 8 ist 64:

$8^2 = 8 \cdot 8 = 64$.

8 heißt die Grundzahl, 64 die Quadratzahl.
Die meisten Taschenrechner besitzen für das Quadrieren eine eigene Taste: $\boxed{x^2}$.
Quadriere sowohl durch Multiplikation als auch mit der x^2-Taste

a) -37;   b) $\frac{3}{5}$;   c) 1000;   d) $\frac{1}{10}$;   e) $0{,}03$;   f) $3{,}464$.

(Lösungen auf Seite 111)

A 2 Die Quadrate entgegengesetzter Zahlen sind gleich: $(-3)^2 = 3^2 = 9$.

Wenn du daher zu einer Quadratzahl die Grundzahl suchst, findest du zwei Werte.
Aus $x^2 = 9$ folgt $x = 3$ oder $x = -3$.

> Die Umkehrung des Quadrierens ist nicht eindeutig.

Bestimme die Lösungen der Gleichungen

a) $x^2 = 144$;   b) $x^2 = \frac{4}{25}$;   c) $x^2 = 0$;   d) $x^2 = 0{,}09$.

A 3 Die „quadratische" Gleichung $x^2 = 49$ hat die Lösungen $+7$ und -7.
Die positive Lösung bezeichnet man als die „Quadratwurzel aus 49" oder kurz „Wurzel aus 49".
In Zeichen: $7 = \sqrt{49}$.
Die andere Lösung der Gleichung ist $-7 = -\sqrt{49}$.
49 heißt der „Radikand" der Wurzel. Das Wurzelberechnen oder „Wurzelziehen" nennt man auch „Radizieren".

Ziehe folgende Wurzeln:

a) $\sqrt{121}$;   b) $\sqrt{\frac{16}{49}}$;   c) $\sqrt{0}$;   d) $\sqrt{0{,}01}$.

A 4 Die Quadrate positiver wie negativer Zahlen sind positiv. Die Gleichung $x^2 = -49$ hat deshalb keine Lösung; $\sqrt{-49}$ existiert nicht.

Merke dir:

| Der Radikand einer Wurzel darf nicht negativ sein. |

Welche der folgenden Wurzeln existieren und welchen Wert haben sie gegebenenfalls?

a) $\sqrt{-1}$; b) $\sqrt{\frac{-36}{-4}}$; c) $\sqrt{-3^2}$; d) $\sqrt{(-3)^2}$.

A 5 Daß $\sqrt{81} = 9$ ist, errät jeder, der auswendig weiß, daß $9^2 = 81$ ist. Diesem Raten sind jedoch enge Grenzen gesetzt. Die meisten Taschenrechner besitzen deshalb eine eigene Taste zum Wurzelziehen, die mit $\boxed{\sqrt{x}}$ bezeichnet ist. Manche Rechnertypen benötigen dazu zwei Tasten, etwa $\boxed{\text{INV}}$ $\boxed{x^2}$; hier wird benützt, daß das Radizieren die Umkehrung oder das „Inverse" des Quadrierens ist. Welche Tasten du auf deinem Rechner drücken mußt, steht in seiner Bedienungsanleitung. Bestimmst du $\sqrt{8,41}$, so erhältst du 2,9. Quadrierst du zur Probe 2,9, entsteht wieder 8,41.

Berechne
a) $\sqrt{7,84}$; b) $\sqrt{92,16}$; c) $\sqrt{27,04}$
und mache die Probe.

A 6 Bestimme $\sqrt{9,6}$. Dein Rechner zeigt 3,0983867 oder eine Zahl an, die einige Dezimalstellen mehr oder weniger enthält; denn die verschiedenen Rechnertypen geben unterschiedlich viele Stellen aus. Berechnest du zur Probe 3,0983867 · 3,0983867, entsteht nicht genau 9,6. Das angezeigte Ergebnis war also ungenau, es war nur ein „Näherungswert" für $\sqrt{9,6}$.

Berechne
a) $\sqrt{8,75}$; b) $\sqrt{0,1}$; c) $\sqrt{14,2}$
und mache wie oben die Probe.

A 7 Die Genauigkeit der von den Taschenrechnern angegebenen Näherungswerte reicht für die allermeisten Zwecke aus. Oft genügen sogar noch weniger Stellen. So ist 3,098 auch ein Näherungswert für $\sqrt{9,6}$. Er ist auf „drei Dezimalen" (nach dem Komma) oder „vier geltende Ziffern" (eine vor, drei nach dem Komma) genau. Für $\sqrt{0,1}$ ist 0,316 eine Näherung mit drei Dezimalen oder mit drei geltenden Ziffern; eine führende Null wird nie mitgezählt.

Gib Näherungswerte für $\sqrt{13{,}8}$ mit
a) zwei geltenden Ziffern,   b) zwei Dezimalen,
c) fünf geltenden Ziffern an.

A 8 Soll $\sqrt{9{,}6} = 3{,}098\ldots$ auf zwei Dezimalen gerundet werden, dann soll die Abweichung des Näherungswertes vom genauen Wert möglichst klein sein. Da 3,10 näher bei 3,098... liegt als 3,09, ist also auf zwei Dezimalen genau $\sqrt{9{,}6} = 3{,}10$. Es gilt die „Rundungsregel":

> Ist die erste weggelassene Dezimale 5 oder größer, dann muß man die vorhergehende Stelle um 1 erhöhen; sonst bleibt sie unverändert.

Im Beispiel war die erste weggelassene Dezimale die 8, also ≥ 5. Die vorhergehende Stelle 9 mußte deshalb erhöht werden. Da 9 + 1 = 10 ist, wirkte sich ein Übertrag auch noch auf die erste Dezimalstelle aus. Auch die Probe durch Quadrieren zeigt, daß 3,10 der genauere Näherungswert ist als 3,09; denn $3{,}10^2 = 9{,}6100$ weicht weniger von 9,6 ab als $3{,}09^2 = 9{,}5481$.

Gib für $\sqrt{26{,}3}$ die Näherungswerte mit   a) vier geltenden Ziffern,
b) vier Dezimalen an.
Bestätige an diesem Beispiel, daß es richtig ist, schon dann aufzurunden, wenn die erste weggelassene Dezimale eine 5 ist.

A 9 Sei vorsichtig im Umgang mit Näherungswerten. Es sieht manchmal so aus, als seien selbst die einfachsten Rechengesetze aufgehoben. So ist z.B. mit fünf bzw. drei geltenden Ziffern

$a = \sqrt{2} = 1{,}4142 = 1{,}41$,
$b = \sqrt{3} = 1{,}7321 = 1{,}73$,
also $a + b = 1{,}41 + 1{,}73 = 3{,}14$.

Der Taschenrechner liefert aber
$c = \sqrt{2} + \sqrt{3} = 3{,}1463 = 3{,}15$.

Natürlich gelten alle Gesetze der Algebra für die exakten Werte weiter. Die Abweichung ist allein eine Folge der Rundungen, die sich unterschiedlich auswirken können.
Was ist die beste Näherung für $\sqrt{2} + \sqrt{7}$ mit fünf geltenden Ziffern?

A 10 Um die Rundungsfehler klein zu halten, rechnet man möglichst lange „genau". Ist etwa auf dem Taschenrechner $\sqrt{7} \cdot (\sqrt{3} - \sqrt{2})$ zu bestimmen, darf man nicht zuerst die einzelnen Wurzelwerte ablesen und runden und dann mit den gerundeten Werten weiterrechnen.

Das ergäbe mit drei geltenden Ziffern
$2{,}65 \cdot (1{,}73 - 1{,}41) = 2{,}65 \cdot 0{,}32 = 0{,}848$.

Genauer wird das Ergebnis, wenn man die Wurzelwerte mit der $\sqrt{x}$-Taste immer erst dann bestimmt, wenn sie in der Rechnung benötigt werden. Auf Rechnern mit der $\sqrt{x}$-Taste tippt man also

7 $\boxed{\sqrt{x}}$ $\boxed{\times}$ $\boxed{(}$ 3 $\boxed{\sqrt{x}}$ $\boxed{-}$ 2 $\boxed{\sqrt{x}}$ $\boxed{)}$ $\boxed{=}$

und erhält 0,8409..., rund 0,841.

Berechne $\sqrt{5} - \dfrac{3}{\sqrt{5} + \sqrt{2}} - \sqrt{2}$.

Das erste Programm ist geschafft. Hast du dich immer an die Anweisungen gehalten? Hast du vor dem Nachschlagen der Lösungen jede Frage schiftlich beantwortet? — Wenn nicht, tue das bitte von jetzt an. Konntest du sämtliche Aufgaben richtig lösen, so geh bitte weiter zu Programm B.
Wenn du aber gelegentlich Schwierigkeiten hattest oder öfters eine Lösung nachschlagen mußtest, um die Aufgabe zu verstehen, dann rechne die folgenden Übungsaufgaben durch.
Danach mach weiter mit Programm B.

Übungen zu Programm A (Lösungen auf Seite 111)

1 Berechne die Quadrate von

a) 370;   b) 0,012;   c) $\frac{31}{43}$;   d) $2\frac{3}{11}$.

2 Zu welchen positiven Zahlen sind folgende Zahlen die Quadrate?

a) 81;   b) 25 600;   c) $6\frac{1}{4}$;   d) $\frac{16}{49}$.

3 Welche negativen Zahlen ergeben quadriert

a) 169;   b) $-0,01$;   c) $7\frac{1}{9}$?

4 Löse die Gleichungen:

a) $x^2 = \frac{64}{81}$;   b) $x^2 = 0,0196$;   c) $x^2 = -121$.

5 Radiziere und runde die Ergebnisse auf drei Dezimalzahlen:

a) 43,56;   b) 5,153;   c) 89,73;
d) 43,827;   e) 6,84352;   f) 2.

6 Radiziere und runde auf fünf geltende Ziffern:

a) 56,28;   b) 7,3004;   c) 7.

B Zehnerpotenzen, Quadrate und Wurzeln

B 1 Wir rechnen: $1{,}234^2 = 1{,}522756$,
$12{,}34^2 = 152{,}2756$,
$123{,}4^2 = 15227{,}56$,
$1234^2 = 1522756$

und lesen daraus die Regel ab:

> Verschiebt man in der Grundzahl eines Quadrats das Komma um eine Stelle nach rechts, wandert das Komma in der Quadratzahl um zwei Stellen nach rechts.

Daß diese Regel allgemein gilt, kann man so begründen:
Die Verschiebung des Kommas in einer Grundzahl a um eine Stelle nach rechts bedeutet deren Multiplikation mit 10. Weiter ist

$(10\,a)^2 = 10^2 \cdot a^2 = 100\,a^2$.

Die Quadratzahl a^2 multipliziert man aber mit 100, indem man das Komma um zwei Stellen nach rechts weiterrückt.

Es ist $5{,}67^2 = 32{,}1489$. Gib 5670^2 ohne Benützung des Taschenrechners an.

B 2 Welche Folgen hat eine Kommaverschiebung in der Grundzahl nach links für die Quadratzahl? Wir rechnen:

$1{,}234^2 = 1{,}522756$,
$0{,}1234^2 = 0{,}01522756$,
$0{,}01234^2 = 0{,}0001522756$.

Der Taschenrechner liefert stattdessen eventuell gerundete Werte.

Formuliere die daraus ableitbare Regel. Muß ihre Allgemeingültigkeit nach dem Ergebnis von B 1 neu bewiesen werden?

B 3 Wir rechnen auf fünf geltende Stellen genau

$\sqrt{1{,}234} = 1{,}1109$,
$\sqrt{12{,}34} = 3{,}5128$,
$\sqrt{123{,}4} = 11{,}109$,
$\sqrt{1234} = 35{,}128$

und lesen die Regel ab:

> Verschiebt man im Radikanden das Komma um zwei Stellen nach rechts, rückt es in der Wurzel um eine Stelle nach rechts.

Diese Regel ist eine unmittelbare Folge von B 1; denn das Radizieren ist die Umkehrung des Quadrierens, und aus der Quadratzahl wird dabei der Radikand, aus der Grundzahl die Wurzel.

Ermittle aus den obigen Zahlen einen Näherungswert für $\sqrt{0{,}001234}$ und prüfe das Ergebnis mit dem Taschenrechner.

B 4 In der Physik wird durch Versuche gezeigt, daß die Länge eines Aluminiumstabes, der bei 0 °C die Länge l_0 hat, bei Erwärmung auf die Temperatur t auf

$$l = l_0(1 + \alpha t)$$

anwächst, wobei $\alpha = 0{,}000024 \, \frac{1}{\text{Grad}}$ ist. Das Volumen eines Aluminiumwürfels, der bei 0 °C die Kantenlänge l_0 hat, vergrößert sich dann von seinem Anfangswert $V_0 = l_0^3$ auf

$$V = [l_0(1 + \alpha t)]^3 = l_0^3 (1 + \alpha t)^3 = V_0(1 + 3\alpha t + 3\alpha^2 t^2 + \alpha^3 t^3) \,. \qquad \text{I}$$

Stattdessen rechnen die Physiker mit

$$V = V_0(1 + 3\alpha t) \,. \qquad \text{II}$$

Um zu prüfen, ob die Anwendung der Formel II berechtigt ist, berechnen wir die Summanden der letzten Klammer in I für die Temperatur t = 50 °C:

$3\alpha t \quad = 3 \cdot 0{,}000024 \cdot 50 \quad = 0{,}0036 \,,$
$3\alpha^2 t^2 = 3 \cdot 0{,}000024^2 \cdot 50^2 = 0{,}00000432 \,.$

Berechne $\alpha^3 t^3$.

B 5 In der Aufgabe zu B 4 lieferte dein Taschenrechner das Ergebnis vermutlich in der „Exponentialdarstellung" $\alpha^3 t^3 = 1{,}728 \cdot 10^{-9}$. Ohne Zehnerpotenz heißt diese Zahl $\alpha^3 t^3 = 0{,}000000001728$. Die letzte Klammer in I wird damit

1,003604321728.

Der sechsstellige Näherungswert 1,00360 dieser Zahl stimmt mit $(1 + 3\alpha t)$ in II überein. Da die Meßgenauigkeit der Physik meistens geringer als sechsstellig ist, bedeutet für die Physiker die Verwendung der einfacheren Formel II an Stelle von I keine Genauigkeitseinbuße.

Für uns wichtig ist an diesem Beispiel der Umgang mit den Zehnerpotenzen. Hierfür gilt die Regel:

> Multiplikation einer Zahl mit 10^{+n} verschiebt das Komma um n Stellen nach rechts, Multiplikation mit 10^{-n} um n Stellen nach links.

So ist $1{,}2345 \cdot 10^3 = 1\,234{,}5$,
$3{,}6 \cdot 10^5 = 360\,000$,
$27\,861 \cdot 10^{-4} = 2{,}7861$,
$2{,}7861 \cdot 10^{-3} = 0{,}0027861$.

Schreibe ohne Zehnerpotenzen
a) $5{,}2748 \cdot 10^6$, b) $4{,}8261 \cdot 10^{-7}$, c) $309{,}36 \cdot 10^{-5}$.

B 6 In die meisten Taschenrechner kann man Zahlen bereits in der Exponentialdarstellung eingeben. Wie man das macht und wie man Ergebnisse in Exponentialdarstellung in Zahlen in normaler Darstellung oder umgekehrt umwandelt, steht in der Bedienungsanleitung.

Gib $2143 = 2{,}143 \cdot 10^3$ a) in normaler, b) in Exponentialdarstellung ein, quadriere beide Male und vergleiche die Ergebnisse.

B 7 Die Ergebnisse der Aufgabe von B 6

$4\,592\,449$ und $4{,}592449 \cdot 10^6$ (eventuell gerundet),

sie sind nach der Regel von B 5 also gleich. Die Exponentialdarstellung hätte man dabei auch durch die Rechnung

$(2{,}143 \cdot 10^3)^2 = 2{,}143^2 \cdot (10^3)^2 = 4{,}592449 \cdot 10^6$ I

erhalten können. Die Zehnerpotenzen werden bei dieser Art, Zahlen zu schreiben, also gerade so gesetzt, daß man die üblichen Potenzrechenregeln auf sie anwenden darf.

Berechne $(5{,}831 \cdot 10^7)^2$ a) nach dem Vorbild von I,
b) durch Quadrieren der Exponentialdarstellung von $5{,}831 \cdot 10^7$.

B 8 Die Ergebnisse der Aufgabe von B 7 sind gerundet
$34{,}00 \cdot 10^{14}$ und $3{,}400 \cdot 10^{15}$.

Wegen $3{,}400 \cdot 10^{15} = 3{,}400 \cdot 10^1 \cdot 10^{14} = 34{,}00 \cdot 10^{14}$ sind sie gleich. Für dieselbe Zahl gibt es also verschiedene Exponentialdarstellungen. Die Taschenrechner wählen unter ihnen immer diejenige aus, bei der der erste Faktor genau eine von 0 verschiedene Ziffer vor dem Komma hat. Diesen Faktor nennt man dann die „Mantisse" der Zahl, und ihre Darstellung heißt „normiert".

Gib die normierten Exponentialdarstellungen von

a) $46{,}08 \cdot 10^8$,   b) $4\,751\,000$,   c) $-823{,}45$

an und quadriere jeweils. Sieh bei c) notfalls in der Bedienungsanleitung nach, wann bei der Eingabe die Vorzeichenwechseltaste zu drücken ist.

B 9 Die normierte Exponentialdarstellung von $0{,}0415$ ist
$4{,}15 \cdot 10^{-2}$.

Quadriere diese Zahl
a) nach dem Vorbild von I in B 7,
b) durch Quadrieren ihrer Exponentialdarstellung und rechne nach, daß die Ergebnisse gleich sind.

B 10 Auch die Tasten der Taschenrechner für das Radizieren dürfen auf Zahlen in Exponentialdarstellung angewendet werden.

Berechne $\sqrt{2{,}603 \cdot 10^{-12}}$, wandle das Ergebnis in normale Darstellung um und mache in beiden Darstellungen die Probe durch Quadrieren.

B 11 Das Ergebnis der Aufgabe von B 10 ist auch durch
$$\sqrt{2{,}603 \cdot 10^{-12}} = \sqrt{2{,}603} \cdot \sqrt{10^{-12}} = 1{,}6134 \cdot 10^{-6}$$
zu erhalten.

Berechne $\sqrt{10^{15}}$ (die Mantisse 1 des Radikanden $1 \cdot 10^{15}$ darf bei der Eingabe nicht weggelassen werden).

B 12 $\sqrt{10^{15}}$ kann man auch durch die Rechnung
$$\sqrt{10^{15}} = \sqrt{10 \cdot 10^{14}} = \sqrt{10} \cdot \sqrt{10^{14}} = 3{,}1623 \cdot 10^7$$
erhalten. Die Regel

$$\boxed{\sqrt{10^n} = 10^{n/2}}$$

bringt also nur für gerade Exponenten n Vereinfachungen.

Berechne $\sqrt{3{,}721 \cdot 10^{-11}}$. Warum ist das Ergebnis gleich $10^{-6} \cdot \sqrt{37{,}21}$?

Hattest du Schwierigkeiten mit Programm B oder fühlst du dich noch nicht sicher?
Dann bearbeite bitte die folgenden Übungsaufgaben.
Andernfalls geh weiter zu Programm C.

Übungen zu Programm B

1 Ergänze die fehlenden Zahlen:
 a) $482\,000 = 48{,}2 \cdot 10^{\cdots}$; b) $0{,}00526 = 526 \cdot 10^{\cdots}$;
 c) $380\,000 = \ldots \cdot 10^5$; d) $0{,}82 = \ldots \cdot 10^{-3}$

2 Schreibe mit negativer Hochzahl:
 a) $\dfrac{1}{10\,000\,000}$; b) $\dfrac{1}{10^8}$.

3 Bestimme die Quadrate zu
 a) 10^7; b) $3{,}18 \cdot 10^3$; c) $0{,}421 \cdot 10^{-4}$; d) $0{,}0000516$
 mit vier geltenden Ziffern.

4 Ziehe die Wurzeln aus
 a) 10^{12}; b) 10^5; c) $7\,816\,000$; d) $781\,600$;
 e) 10^{-8}; f) 10^{-7}; g) $0{,}000436$
 mit drei geltenden Stellen.

5 Gib die Wurzeln aus folgenden Zahlen in normierter Exponentialdarstellung mit vier geltenden Stellen an:
 a) $3{,}4 \cdot 10^{17}$; b) $12{,}5 \cdot 10^{-21}$; c) $35\,080\,000$; d) $0{,}5$.

C Intervallschachtelung

C 1 Steht dir kein Taschenrechner zur Verfügung, kannst du Wurzeln näherungsweise durch Probieren bestimmen. Wir erläutern das am Beispiel $\sqrt{6}$:
Du suchst zunächst zwei Quadratzahlen, zwischen denen 6 liegt.
Es gilt
$4 < 6 < 9$.
Hieraus folgerst du
$2 < \sqrt{6} < 3$.
Nun quadrierst du 2,1; 2,2; ...; 2,8; 2,9 und vergleichst die Quadrate mit 6. Du stellst fest,
bis $2,4^2 = 5,76$ sind die Quadrate kleiner als 6,
ab $2,5^2 = 6,25$ sind die Quadrate größer als 6.
Also gilt:
$2,4 < \sqrt{6} < 2,5$.
Das gleiche machst du jetzt mit 2,41; 2,42; ...; 2,49.
Es ist
$2,44^2 = 5,9536 < 6$ und $2,45^2 = 6,0025 > 6$,
also
$2,44 < \sqrt{6} < 2,45$.
Der nächste Schritt ergibt
$2,449 < \sqrt{6} < 2,450$.
Damit ist $\sqrt{6}$ in ein „Intervall" der Länge $2,450 - 2,449 = 0,001$ eingeschlossen.

Schließe $\sqrt{6}$ in ein Intervall der Länge 0,0001 ein.

C 2 Man kann $\sqrt{6}$ in immer kürzer werdende Intervalle eingrenzen. Jedes Intervall liegt ganz im vorhergehenden:

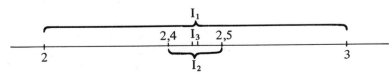

Die Intervalle sind ineinander geschachtelt. Man nennt das Verfahren deshalb „Intervallschachtelung".

Durch Intervallschachtelung läßt sich jede Wurzel, wenn auch mit großem Rechenaufwand, beliebig genau annähern.

Ermittle zu $\sqrt{3}$ eine Intervallschachtelung mit den Intervalllängen 1; 0,1; 0,01 und 0,001.

C 3 Wir zeigen am Beispiel $\sqrt{6}$ ein anderes Verfahren, das sehr rasch zu einer guten Näherung führt.

Da $(\sqrt{6})^2 = 6$ ist, ist $\frac{6}{\sqrt{6}} = \sqrt{6}$.

Wenn nun a eine beliebige positive Zahl ist, gilt also:

Ist $a = \sqrt{6}$, so ist $\frac{6}{a} = \frac{6}{\sqrt{6}} = \sqrt{6}$.

Ist $a < \sqrt{6}$, so ist $\frac{6}{a} > \sqrt{6}$, also $a < \sqrt{6} < \frac{6}{a}$.

Ist $a > \sqrt{6}$, so ist $\frac{6}{a} < \sqrt{6}$, also $\frac{6}{a} < \sqrt{6} < a$.

Wir erhalten daher, ganz gleich, ob a zu klein oder zu groß ist, ein Intervall, in dem $\sqrt{6}$ liegt. Die Grenzen des Intervalls sind in beiden Fällen a und $\frac{6}{a}$.

Wir beginnen mit a = 2:

$$2 < \sqrt{6} < \frac{6}{2} = 3.$$

Dieses erste Intervall hat die Länge 1.

Welches Intervall erhältst du auf die gleiche Weise für $\sqrt{8}$, wenn du mit a = 3 beginnst? Wie lang ist das Intervall?

C 4 Ein kürzeres Intervall erhältst du, wenn du a gleich dem Mittelwert aus den Grenzen des vorhergehenden Intervalls setzt. Für $\sqrt{6}$ ergibt sich

$a = \frac{2+3}{2} = \frac{5}{2}$.

Dann ist

$\frac{6}{a} = \frac{12}{5}$ und $\frac{12}{5} < \sqrt{6} < \frac{5}{2}$.

Die Intervallänge ist
$$\frac{5}{2} - \frac{12}{5} = \frac{1}{10} = 0{,}1.$$
Führe auch für $\sqrt{8}$ den zweiten Schritt aus.

C 5 Wir berechnen $\sqrt{6}$ noch genauer. Mit dem neuen Mittelwert
$$a = \frac{1}{2} \cdot \left(\frac{12}{5} + \frac{5}{2}\right) = \frac{49}{20}$$
aus den Grenzen des vorhergehenden Intervalls ergibt sich
$$\frac{6}{a} = \frac{120}{49}.$$
Da
$$\frac{49}{20} - \frac{120}{49} = \frac{1}{980} > 0$$
ist, bildet $\frac{49}{20}$ die obere und $\frac{120}{49}$ die untere Intervallgrenze:
$$\frac{120}{49} < \sqrt{6} < \frac{49}{20} \quad \text{oder gerundet}$$
$$2{,}449 < \sqrt{6} < 2{,}450.$$
Die Intervallänge ist 0,001.
Der nächste Schritt mit den genauen Werten führt dann bereits zu dem sehr kurzen Intervall $2{,}4494897 < \sqrt{6} < 2{,}4494898$.

Schließe nach dem gleichen Verfahren $\sqrt{11}$ in ein Intervall ein, das kürzer als 0,1 ist.

C 6 Wir fragen: Tritt bei einer Intervallschachtelung zu $\sqrt{6}$ einmal der genaue Wert auf? Mit anderen Worten: Ist $\sqrt{6}$ ein Bruch?
Alle Zahlen, die sich auf die Form $\frac{p}{q}$ mit ganzzahligem p und q bringen lassen, heißen Brüche.
Sind $5; 2\frac{1}{3}; -8{,}73$ Brüche? Stelle gegebenenfalls die Form $\frac{p}{q}$ her.

C 7 Bevor wir prüfen, ob $\sqrt{6}$ ein Bruch ist, stellen wir fest:
1. Jeder Bruch läßt sich so weit kürzen, daß Zähler und Nenner teilerfremd sind. In den Primfaktorzerlegungen von p und q treten dann keine gemeinsamen Faktoren auf.

2. Läßt sich der Bruch $\frac{p}{q}$ nicht kürzen, so gilt dies auch für $\frac{p^2}{q^2}$. Denn in den Primfaktorzerlegungen von p² und q² treten dieselben Faktoren auf wie in den Zerlegungen von p und q.

Wann ist ein gekürzter Bruch eine ganze Zahl?

C 8 Ist $\frac{p}{q}$ gekürzt und keine ganze Zahl, also $q \neq \pm 1$, so ist auch $\frac{p^2}{q^2}$ gekürzt und $q^2 \neq \pm 1$. Also ist auch $\frac{p^2}{q^2}$ keine ganze Zahl. Wir halten fest:

> Das Quadrat eines Bruches, der keine ganze Zahl ist, ist auch nicht ganzzahlig.

Die Wurzel aus einer ganzen Zahl sei keine ganze Zahl. Kann sie ein Bruch sein?

C 9 Nach dem Satz von C 8 ergeben sich für die Wurzel aus einer positiven ganzen Zahl folgende Möglichkeiten:

1. Die Wurzel ist eine ganze Zahl.
2. Die Wurzel ist keine ganze Zahl und dann auch kein Bruch.

Gib für die 1. und 2. Möglichkeit je ein Beispiel an.

C 10 Wir kommen auf $\sqrt{6}$ zurück. $\sqrt{6}$ ist sicher keine ganze Zahl. Denn
$1^2 = 1;\ 2^2 = 4;\ 3^2 = 9$
sind nicht gleich 6. Dies gilt auch für alle größeren ganzen Zahlen. $\sqrt{6}$ ist deshalb eine neue Zahl.

Begründe, daß $\sqrt{10}$ kein Bruch ist.

C 11 Brüche nennt man auch „rationale Zahlen". Alle anderen Zahlen wie $\sqrt{6}$ und $\sqrt{10}$ heißen „irrational". Die rationalen und irrationalen Zahlen bilden zusammen die Menge der „reellen Zahlen". Diese bezeichnet man mit $\mathbb{R}$, die Menge der rationalen Zahlen mit $\mathbb{Q}$.

Welche der folgenden Wurzeln sind rational, welche irrational?

a) $\sqrt{27}$; b) $\sqrt{49}$; c) $\sqrt{2\frac{7}{9}}$; d) $\sqrt{0{,}4}$.

C 12 Die Intervallschachtelung hat gezeigt:

> Jede irrationale Zahl kann mit rationalen Zahlen beliebig genau angenähert werden.

Für das Rechnen mit irrationalen Zahlen gelten die gleichen Gesetze wir für rationale Zahlen. Mit Näherungswerten zeigen wir dies an Beispielen. So gilt das kommutative Gesetz der Addition:

$\sqrt{3} + \sqrt{5} = \sqrt{5} + \sqrt{3}$.

Auf drei Ziffern genau ist nämlich

$\sqrt{3} + \sqrt{5} = 1{,}73 + 2{,}24 = 2{,}24 + 1{,}73 = \sqrt{5} + \sqrt{3}$.

Bestätige die Gültigkeit des distributiven Gesetzes am Beispiel

$\sqrt{2}\,(\sqrt{7} + \sqrt{11}) = \sqrt{2} \cdot \sqrt{7} + \sqrt{2} \cdot \sqrt{11}$

auf drei geltende Ziffern genau.

Wenn du beim Durcharbeiten dieses Programms keine Schwierigkeiten hattest, kannst du die Übungen überspringen. Lies dann weiter auf Seite 25.

Übungen zu Programm C

1 Gib unter Benutzung des Taschenrechnerwertes von $\sqrt{7}$ eine Intervallschachtelung mit den Intervalllängen 1; 0,1; 0,01 und 0,001 an.

2 Gib für $\sqrt{23}$ nach dem in C 3 bis C 5 besprochenen Verfahren ein Intervall an, dessen Länge kleiner als 0,01 ist.

3 Welche der folgenden Zahlen sind rational, welche irrational?

a) $\sqrt{169}$;   b) $\sqrt{17}$;   c) $\sqrt{\frac{5}{4}}$;   d) $\sqrt{3\frac{6}{25}}$.

4 Weshalb ist $\sqrt{30}$ irrational?

5　Zeige am Beispiel
$$\sqrt{5} \cdot (\sqrt{7} \cdot \sqrt{14}) = (\sqrt{5} \cdot \sqrt{7}) \cdot \sqrt{14},$$
auf drei geltende Ziffern genau, daß für irrationale Zahlen das assoziative Gesetz der Multiplikation gilt.

Es folgt ein Test. Er soll dir zeigen, ob du den Stoff des ersten Teils verstanden hast oder wo deine Lücken liegen. Beantworte zunächst alle drei Testfragen.

> **Test I**
>
> *Aufgabe A*
> a) Löse die Gleichung $x^2 = 52{,}9$ näherungsweise mit drei geltenden Ziffern.
> b) Wodurch unterscheiden sich $\sqrt{169}$; $-\sqrt{169}$ und $\sqrt{-169}$?
>
> *Aufgabe B*
> Bestimme auf drei geltende Ziffern genau in normierter Exponentialdarstellung:
> a) $\sqrt{258 \cdot 10^5}$;　b) $\sqrt{0{,}00006}$.
>
> *Aufgabe C*
> a) Konstruiere zu $\sqrt{19}$ eine Intervallschachtelung mit den Intervallängen 1; 0,1; 0,01 und 0,001 mit Hilfe des Taschenrechners.
> b) Begründe, daß $\sqrt{19}$ keine rationale Zahl ist.

Die Lösungen findest du auf Seite 115.
Hast du alle Testfragen richtig beantwortet? – Wenn ja, dann gehst du weiter zu Programm D, oder wenn du das Buch nur zur Wiederholung verwendest, zu Test II auf Seite 45.
Konntest du dagegen einige Fragen nicht oder nur fehlerhaft beantworten, wiederhole bitte erst die vorhergehenden Programme und Übungen.
Wiederhole
Programm A, wenn du Aufgabe A,
Programm B, wenn du Aufgabe B,
Programm C, wenn du Aufgabe C
nicht lösen konntest. Danach gehe weiter zu Programm D.

II. Teil: Das Rechnen mit Quadratwurzeln

Wurzeln sind rationale oder irrationale Zahlen. Du kannst mit ihnen rechnen, indem du Näherungswerte einsetzt. Doch in vielen Fällen ist es vorteilhaft, die Wurzeln zuvor nach gewissen Regeln zusammenzufassen und zu vereinfachen. Treten Buchstaben unter den Wurzeln auf, helfen Näherungswerte nicht weiter. Du bist dann auf die Rechengesetze angewiesen.

D Eigenschaften der Quadratwurzel

D 1 Wir haben $\sqrt{5}$ als die positive Lösung der Gleichung $x^2 = 5$ eingeführt. Allgemein gilt:

> Ist $a \geq 0$, so ist $\sqrt{a}$ die nicht negative Zahl, die quadriert a ergibt.

Welcher Unterschied besteht zwischen positiven und nicht negativen Zahlen?

D 2 Nach dem kommutativen Gesetz ist:
$$3\sqrt{5} \cdot 7\sqrt{5} = 3 \cdot 7 \cdot \sqrt{5} \cdot \sqrt{5} = 21 \cdot (\sqrt{5})^2 = 21 \cdot 5 = 105.$$

Vereinfache:

a) $(3\sqrt{2})^2$; b) $\dfrac{18 \cdot 8\sqrt{3} \cdot \sqrt{25}}{54\sqrt{3} \cdot 10}$.

D 3
> Die Gleichung $x^2 = a$ hat
> für $a > 0$ die beiden Lösungen $\sqrt{a}$ und $-\sqrt{a}$,
> für $a = 0$ nur eine Lösung, nämlich 0,
> für $a < 0$ keine Lösung.

Hat $x^2 = a^2$ Lösungen, wenn a eine negative Zahl ist? Setze z.B. $a = -5$.

D 4 $\sqrt{a^2}$ $(a \neq 0)$

ist immer eine positive Zahl, ganz gleich, ob a positiv oder negativ ist. So ergibt sich für

$a = 5$: $\sqrt{5^2} = \sqrt{25} = 5 = a$,
$a = -5$: $\sqrt{(-5)^2} = \sqrt{25} = 5 = -a$.

Es ist also

$$\sqrt{a^2} = \begin{cases} a & \text{für } a > 0 \\ -a & \text{für } a < 0. \end{cases}$$

Was ist für a = 0 richtig,
a) $\sqrt{a^2} = a$ oder b) $\sqrt{a^2} = -a$?

D 5 Den Fall a = 0 können wir zum Fall a > 0 hinzunehmen:
$$\sqrt{a^2} = \begin{cases} a & \text{für } a \geq 0 \\ -a & \text{für } a < 0. \end{cases}$$
Da andererseits durch
$$|a| = \begin{cases} a & \text{für } a \geq 0 \\ -a & \text{für } a < 0 \end{cases}$$
der Betrag von a definiert ist, gilt

$$\boxed{\sqrt{a^2} = |a|.}$$

Beseitige in $\sqrt{9a^2}$ die Wurzel.

D 6 In $\sqrt{a^2} = |a|$ kann a ein zusammengesetzter Term sein:
$\sqrt{(5-x)^2} = |5-x|$.

Löst du rechts noch die Betragszeichen auf, so erhältst du
$$\sqrt{(5-x)^2} = \begin{cases} 5-x & \text{für } 5-x \geq 0, \text{ d.h. für } x \leq 5 \\ -(5-x) & \text{für } 5-x < 0, \text{ d.h. für } x > 5. \end{cases}$$
Bestimme ebenso
$\sqrt{(2a-3)^2}$

a) mit Verwendung des Betragszeichens,
b) ohne Verwendung des Betragszeichens.

D 7 Wir vereinfachen
$\sqrt{4a^2 + 12a + 9}$:
$\sqrt{4a^2 + 12a + 9} = \sqrt{(2a+3)^2} = |2a+3|$.
Für $2a + 3 \geq 0$, also $a \geq -1{,}5$ ist $\sqrt{4a^2 + 12a + 9} = 2a + 3$,
für $a < -1{,}5$ ist $\sqrt{4a^2 + 12a + 9} = -2a - 3$.
Vereinfache $\sqrt{a^2 - 2ab + b^2}$ für den Fall $a < b$.

D 8 $x^2 = a^2$ hat die Lösungen $\sqrt{a^2} = |a|$ und $-\sqrt{a^2} = -|a|$, also a und $-a$ für $a \geq 0$, $-a$ und a für $a < 0$. Somit gilt

$\boxed{x^2 = a^2 \text{ hat die Lösungen a und } -a.}$

Löse $x^2 = a^2 - 16a + 64$.

Übungen zu Programm D

1 Vereinfache:

a) $\sqrt{18} \cdot \sqrt{18}$; b) $(4\sqrt{3})^2$; c) $\left(\dfrac{6}{\sqrt{2}}\right)^2$; d) $\left(\dfrac{\sqrt{2}}{2}\right)^2$;

e) $\dfrac{5\sqrt{6} \cdot 4\sqrt{6}}{9}$; f) $\dfrac{\sqrt{5} \cdot 6\sqrt{3}}{2\sqrt{5} \cdot \sqrt{3}}$.

2 Wie groß muß a mindestens sein, damit $\sqrt{a-1}$ definiert ist?

3 Für welche Werte von a haben die folgenden Gleichungen Lösungen?
a) $x^2 = a^2 + 1$; b) $x^2 = 3 - a$; c) $x^2 = a + 2$.
Gib die Lösungen mit Hilfe des Wurzelzeichens an.

4 Für welche Werte von x ist $\sqrt{x^2}$ nicht positiv?

5 Für welche Werte von a ist $\sqrt{a^2 - 2a + 1}$ negativ?

6 Für welche Werte von a ist $\sqrt{a^2 - 2a + 1} = 1 - a$?

7 Vereinfache:

a) $\sqrt{a^2 - 2a + 1}$; b) $\sqrt{\left(\dfrac{a}{3}\right)^2}$; c) $\sqrt{9x^2 + 24x + 16}$.

8 Löse die Gleichungen:
a) $x^2 = (2a)^2$; b) $x^2 = a^2 - 10a + 25$;
c) $x^2 = 25 - 10a + a^2$.

9 Vereinfache $\sqrt{x^2 + 2x + 1} + \sqrt{4x^2 + 4x + 1}$ und unterscheide dabei die drei Fälle
a) $x < -1$, b) $-1 \leqslant x < -\frac{1}{2}$, c) $x \geqslant -\frac{1}{2}$.

E Multiplikation und Division von Wurzeln

E 1 Den Term $3\sqrt{2} - 5\sqrt{2} + 8\sqrt{2}$ vereinfachst du nach dem distributiven Gesetz, indem du den gemeinsamen Faktor $\sqrt{2}$ ausklammerst:
$3\sqrt{2} - 5\sqrt{2} + 8\sqrt{2} = \sqrt{2}(3 - 5 + 8) = \sqrt{2} \cdot 6 = 6\sqrt{2}$.
Es ist üblich, $6\sqrt{2}$ und nicht $\sqrt{2} \cdot 6$ zu schreiben, da im zweiten Fall bei flüchtiger Schreibweise Verwechslungen mit $\sqrt{2 \cdot 6} = \sqrt{12}$ möglich sind.

Vereinfache
$7\sqrt{3} - 5\sqrt{3} + \sqrt{3} - 10\sqrt{3}$.

E 2 In
$7\sqrt{5} - 5\sqrt{7} + 3\sqrt{7} - \sqrt{5} + 7\sqrt{7}$
kommen zwei verschiedene Wurzeln vor. Wir fassen die Glieder mit gleichen Wurzeln zusammen:
$7\sqrt{5} - 5\sqrt{7} + 3\sqrt{7} - \sqrt{5} + 7\sqrt{7} = 7\sqrt{5} - \sqrt{5} - 5\sqrt{7} + 3\sqrt{7} + 7\sqrt{7}$
$= \sqrt{5}(7 - 1) + \sqrt{7}(-5 + 3 + 7)$
$= 6\sqrt{5} + 5\sqrt{7}$.

Der Term
$6\sqrt{5} + 5\sqrt{7}$
läßt sich ohne Einsetzen von Näherungswerten nicht mehr vereinfachen.

Vereinfache
a) $12\sqrt{6} + 8\sqrt{5} - 7\sqrt{6} + 9\sqrt{5} - \sqrt{6}$; b) $(8 - 3\sqrt{3}) - (5 - 2\sqrt{3})$.

E 3 $\sqrt{2} \cdot \sqrt{3}$ ist eine positive Zahl. Das Quadrat dieser Zahl ist
$(\sqrt{2} \cdot \sqrt{3})^2 = (\sqrt{2})^2 \cdot (\sqrt{3})^2 = 2 \cdot 3 = 6$.
Die einzige positive Zahl, deren Quadrat 6 ist, ist aber $\sqrt{6}$. Also ist
$\sqrt{2} \cdot \sqrt{3} = \sqrt{6}$.
Weshalb ist $\sqrt{-2} \cdot \sqrt{-3} = \sqrt{6}$ falsch?

E 4 Allgemein gilt

$$\sqrt{a} \cdot \sqrt{b} = \sqrt{a \cdot b} \text{ für } a \geq 0 \text{ und } b \geq 0.$$

Beweis: Da Wurzeln aus nicht negativen Zahlen stets nicht negativ sind, ist $\sqrt{a} \cdot \sqrt{b}$ eine nicht negative Zahl. Das Quadrat dieser Zahl ist $(\sqrt{a} \cdot \sqrt{b})^2 = (\sqrt{a})^2 \cdot (\sqrt{b})^2 = a \cdot b$.
Die einzige nicht negative Zahl, deren Quadrat $a \cdot b$ ist, ist aber $\sqrt{a \cdot b}$. Also ist
$\sqrt{a} \cdot \sqrt{b} = \sqrt{a \cdot b}$.
Ebenso gilt

$$\frac{\sqrt{a}}{\sqrt{b}} = \sqrt{\frac{a}{b}} \text{ für } a \geq 0 \text{ und } b > 0.$$

Beweise dies.

E 5 Produkte und Brüche von Wurzeln lassen sich zu einer Wurzel zusammenfassen:

$\sqrt{0{,}2} \cdot \sqrt{245} = \sqrt{0{,}2 \cdot 245} = \sqrt{49} = 7.$

$\dfrac{\sqrt{24} \cdot \sqrt{35}}{\sqrt{56}} = \dfrac{\sqrt{24 \cdot 35}}{\sqrt{56}} = \sqrt{\dfrac{24 \cdot 35}{56}} = \sqrt{15} \approx 3{,}87.$

Berechne

a) $\dfrac{\sqrt{6}}{\sqrt{54}}$; b) $\dfrac{\sqrt{4{,}8}}{\sqrt{30} \cdot \sqrt{0{,}02}}$.

E 6 Beachte: Aus Summen und Differenzen kannst du nicht gliedweise die Wurzel ziehen. So ist

$\sqrt{9 + 16} = \sqrt{25} = 5$, aber $\sqrt{9} + \sqrt{16} = 3 + 4 = 7$,
also $\sqrt{9 + 16} \neq \sqrt{9} + \sqrt{16}$.

Merke dir:

$$\text{Im allgemeinen ist } \sqrt{a^2 + b^2} \text{ von } a + b \text{ verschieden.}$$

Vergleiche:
a) $\sqrt{4}+\sqrt{4}+\sqrt{1}$ und $\sqrt{4+4+1}$,
b) $\sqrt{169}-\sqrt{25}$ und $\sqrt{169-25}$.

E 7 In dem folgenden Beispiel wendest du zur Vereinfachung das distributive Gesetz an:

$$(\sqrt{2}+2\sqrt{3}) \cdot (3\sqrt{2}-\sqrt{3}) = \sqrt{2} \cdot 3\sqrt{2} - \sqrt{2} \cdot \sqrt{3} + 2\sqrt{3} \cdot 3\sqrt{2} - 2\sqrt{3} \cdot \sqrt{3}$$
$$= 3 \cdot (\sqrt{2})^2 - \sqrt{2 \cdot 3} + 6 \cdot \sqrt{3 \cdot 2} - 2(\sqrt{3})^2$$
$$= 3 \cdot 2 - \sqrt{6} + 6\sqrt{6} - 2 \cdot 3$$
$$= 5\sqrt{6}.$$

Vereinfache
$3\sqrt{5} (3\sqrt{2} - 4 + 2\sqrt{5})$.

E 8 $(5\sqrt{3} - 4\sqrt{7})^2$

vereinfachst du nach der Formel

$(a-b)^2 = a^2 - 2ab + b^2$.

Du erhältst

$$(5\sqrt{3})^2 - 2 \cdot 5\sqrt{3} \cdot 4\sqrt{7} + (4\sqrt{7})^2$$
$$= 25 \cdot 3 - 40 \cdot \sqrt{21} + 16 \cdot 7$$
$$= 187 - 40\sqrt{21}.$$

Vereinfache $(3\sqrt{2} - 2\sqrt{5})(3\sqrt{2} + 2\sqrt{5})$.

Übungen zu Programm E

1 Fasse so weit wie möglich zusammen und vereinfache:
   a) $5\sqrt{3} + 4\sqrt{3} - \sqrt{3}$;   b) $8 - 3\sqrt{7} - (9 - 5\sqrt{7})$;
   c) $3\sqrt{2x} - 15\sqrt{3x} + 8\sqrt{3x} - 5\sqrt{2x} + 9\sqrt{3x}$;
   d) $\sqrt{18} \cdot \sqrt{50}$;   e) $\dfrac{\sqrt{8}}{\sqrt{2}}$;   f) $\sqrt{2x} \cdot \sqrt{3y} \cdot \sqrt{5z}$;

g) $\dfrac{\sqrt{6}\cdot\sqrt{21}}{\sqrt{10}\cdot\sqrt{35}}$;   h) $\dfrac{\sqrt{3a}\cdot\sqrt{10b}}{\sqrt{15ab}}$.

2 Vereinfache:
a) $\sqrt{2}(2-3\sqrt{2}+5\sqrt{3})$;   b) $(3+2\sqrt{7})\cdot(\sqrt{7}-2)$;
c) $(\sqrt{2}+\sqrt{3}-1)(\sqrt{2}-\sqrt{3}+1)$;   d) $(5\sqrt{2}-2\sqrt{8})^2$;
e) $(4\sqrt{2}+5\sqrt{5})(4\sqrt{2}-5\sqrt{5})$;   f) $(3\sqrt{6}-5\sqrt{10}+7\sqrt{2}):\sqrt{2}$;
g) $(\sqrt{x+y}+\sqrt{x-y}+\sqrt{2x})\cdot(\sqrt{x+y}+\sqrt{x-y}-\sqrt{2x})$.

3 Untersuche, ob $1+\sqrt{3}$ gleich $\sqrt{4+2\sqrt{3}}$ ist.

4 Untersuche, ob $1-\sqrt{3}=\sqrt{4-2\sqrt{3}}$ ist.

5 Wie lassen sich
a) $\sqrt{4+4\sqrt{3}+3}$,
b) $\sqrt{5+2\sqrt{10}+2}$,
c) $\sqrt{2-2\sqrt{6}+3}$

vereinfachen? Rechne deine Vereinfachungen mit dem Taschenrechner nach.

6 Warum ist $\sqrt{-2}\cdot\sqrt{-8}=\sqrt{16}=4$ falsch?

F Teilweises Radizieren

F 1 Die Formel
$$\sqrt{a \cdot b} = \sqrt{a} \cdot \sqrt{b} \text{ für } a, b \geq 0$$
erlaubt, in folgenden Beispielen die Wurzel teilweise zu ziehen:
$$\sqrt{9 \cdot 5} = \sqrt{9} \cdot \sqrt{5} = 3\sqrt{5},$$
$$\sqrt{150} = \sqrt{25 \cdot 6} = 5\sqrt{6}.$$
Radiziere, so weit es geht:
a) $\sqrt{45}$; b) $\sqrt{512}$; c) $\sqrt{243}$; d) $\sqrt{10^7}$.

F 2 Das teilweise Radizieren wird durch folgende Formel ausgedrückt:
$$\boxed{\sqrt{a^2 \cdot b} = a \cdot \sqrt{b} \text{ für } a \geq 0 \text{ und } b \geq 0.}$$
Wir vereinfachen hiermit:
$$3\sqrt{98} - 5\sqrt{8} - \sqrt{50} + 4\sqrt{18}$$
$$= 3 \cdot \sqrt{49 \cdot 2} - 5\sqrt{4 \cdot 2} - \sqrt{25 \cdot 2} + 4\sqrt{9 \cdot 2}$$
$$= 3 \cdot 7\sqrt{2} - 5 \cdot 2\sqrt{2} - 5\sqrt{2} + 4 \cdot 3\sqrt{2}$$
$$= \sqrt{2}(21 - 10 - 5 + 12)$$
$$= 18\sqrt{2}.$$

Vereinfache
$$2\sqrt{27} - 3\sqrt{45} + 8\sqrt{20} - \sqrt{3}.$$

F 3 Ein weiteres Beispiel:
$$(\sqrt{15} + 10\sqrt{6})(4\sqrt{30} - 2\sqrt{3})$$
$$= \sqrt{15} \cdot 4\sqrt{30} - \sqrt{15} \cdot 2\sqrt{3} + 10\sqrt{6} \cdot 4\sqrt{30} - 10\sqrt{6} \cdot 2\sqrt{3}$$
$$= 4\sqrt{15 \cdot 30} - 2\sqrt{15 \cdot 3} + 40\sqrt{6 \cdot 30} - 20\sqrt{6 \cdot 3}$$
$$= 4 \cdot 15\sqrt{2} - 2 \cdot 3\sqrt{5} + 40 \cdot 6\sqrt{5} - 20 \cdot 3\sqrt{2}$$
$$= \sqrt{2}(60 - 60) + \sqrt{5}(-6 + 240)$$
$$= 234\sqrt{5}.$$

Vereinfache
$(3\sqrt{8} - \sqrt{18}) \cdot (5\sqrt{32} + 2\sqrt{5})$.

F 4 Sind a und b nicht negativ, so gilt die Umformung:
$$\sqrt{27\,a^3\,b^4} - ab\sqrt{12\,ab^2} =$$
$$= \sqrt{9 \cdot 3 \cdot a^2 \cdot a \cdot b^2 \cdot b^2} - ab\sqrt{3 \cdot 4\,ab^2}$$
$$= 3\,abb\sqrt{3\,a} - ab \cdot 2\,b\sqrt{3\,a}$$
$$= \sqrt{3\,a}\,(3\,ab^2 - 2\,ab^2)$$
$$= ab^2 \cdot \sqrt{3\,a}.$$

Weshalb dürfen a und b in
$$\sqrt{18\,ab} \cdot (a\sqrt{8\,ab^2} + b\sqrt{32\,a^2\,b})$$
nicht negativ sein?
Vereinfache den Ausdruck für $a \geq 0$ und $b \geq 0$.

F 5 Der Term
$\sqrt{a^2\,b}$

existiert für $b \geq 0$ und beliebiges a. Es gilt nach D 5

$$\boxed{\sqrt{a^2\,b} = \sqrt{a^2} \cdot \sqrt{b} = |a| \cdot \sqrt{b} \qquad \text{für } b \geq 0.}$$

Ziehe in $\sqrt{54\,a\,b^2}$ die Wurzel teilweise.

F 6 Der Radikand von
$\sqrt{3\,a^2 - 6\,a + 3}$

läßt sich so umformen, daß man teilweise radizieren kann:
$$\sqrt{3\,a^2 - 6\,a + 3} = \sqrt{3\,(a^2 - 2\,a + 1)} = \sqrt{3 \cdot (a - 1)^2} = |a - 1|\sqrt{3}.$$

Ziehe teilweise die Wurzel in
$\sqrt{8\,x^3 - 24\,x^2\,y + 18\,xy^2}$.

F 7 Die Formel
$\sqrt{a^2\,b} = a\sqrt{b}$

für $a \geq 0$ und $b \geq 0$ läßt sich auch von rechts nach links lesen:

$$\boxed{a\sqrt{b} = \sqrt{a^2\,b} \qquad \text{für } a \geq 0 \text{ und } b \geq 0.}$$

Danach kannst du einen vor der Wurzel stehenden Faktor unter die Wurzel bringen, sofern er nicht negativ ist.

$3\sqrt{7} = \sqrt{3^2 \cdot 7} = \sqrt{9 \cdot 7} = \sqrt{63}.$

Berechne $3\sqrt{7}$ und $\sqrt{63}$ auf dem Taschenrechner mit drei geltenden Ziffern. Welcher Wert ist genauer?

F 8 Im folgenden Beispiel führt die Formel

$a\sqrt{b} = \sqrt{a^2\,b}$

zu einer wesentlichen Vereinfachung:

$(2 + \sqrt{3}) \cdot \sqrt{7 - 4\sqrt{3}}$
$= \sqrt{(2 + \sqrt{3})^2 \cdot (7 - 4\sqrt{3})} = \sqrt{(4 + 4\sqrt{3} + 3)(7 - 4\sqrt{3})}$
$= \sqrt{(7 + 4\sqrt{3}) \cdot (7 - 4\sqrt{3})} = \sqrt{7^2 - (4\sqrt{3})^2}$
$= \sqrt{49 - 48} = \sqrt{1} = 1.$

Vereinfache möglichst weit $(1 + \sqrt{3})\sqrt{4\sqrt{3} - 6}$.

F 9 In

$(2\sqrt{3} - 3\sqrt{2})\sqrt{2\sqrt{3} + 3\sqrt{2}}$

ist der Faktor

$2\sqrt{3} - 3\sqrt{2} \approx 2 \cdot 1{,}73 - 3 \cdot 1{,}41 = 3{,}46 - 4{,}23 = -0{,}77 < 0.$

Weil er negativ ist, kannst du die Regel von F 7 nicht anwenden. Hier klammerst du vorher (-1) aus:

$(2\sqrt{3} - 3\sqrt{2})\sqrt{2\sqrt{3} + 3\sqrt{2}}$
$= (-1) \cdot (3\sqrt{2} - 2\sqrt{3})\sqrt{2\sqrt{3} + 3\sqrt{2}}$
$= -\sqrt{(3\sqrt{2} - 2\sqrt{3})^2 (2\sqrt{3} + 3\sqrt{2})}.$

Wir vereinfachen den Radikanden nach der Formel $(a - b)(a + b) = a^2 - b^2$:

$= -\sqrt{(3\sqrt{2} - 2\sqrt{3})[(3\sqrt{2} - 2\sqrt{3})(3\sqrt{2} + 2\sqrt{3})]}$
$= -\sqrt{(3\sqrt{2} - 2\sqrt{3})[(3\sqrt{2})^2 - (2\sqrt{3})^2]}$
$= -\sqrt{(3\sqrt{2} - 2\sqrt{3})[18 - 12]}$
$= -\sqrt{6\,(3\sqrt{2} - 2\sqrt{3})}.$

Vereinfache möglichst weit

$(5 - 2\sqrt{6})\sqrt{49 + 20\sqrt{6}}.$

Übungen zu Programm F

1. Radiziere möglichst weit:
   a) $\sqrt{108}$; b) $\sqrt{147\,xy}$; c) $\sqrt{9\,a^2 - 9\,b^2}$;
   d) $\sqrt{180\,a^2\,b^3}$; e) $\sqrt{75\,p^2 + 25\,q^2}$.

2. Vereinfache so weit wie möglich:
   a) $\sqrt{108} - 3\sqrt{50} - 2\sqrt{48} + 4\sqrt{32}$;
   b) $(2\sqrt{15} - 3\sqrt{6})(2\sqrt{10} + 6)$;
   c) $(5\sqrt{54} - 2\sqrt{150})^2$;
   d) $\sqrt{bz^2} - \sqrt{b(z+2)^2} + \sqrt{9\,b} - \sqrt{b}$ für $z \geq 0$; $b \geq 0$;
   e) $\sqrt{11\,y} \cdot 3\sqrt{55\,y^2} \cdot \sqrt{5\,y}$ für $y \geq 0$;
   f) $\sqrt{4\,x^3\,y^5} \cdot \sqrt{18\,xy}$ für $xy \geq 0$.

3. Vereinfache:
   $2\sqrt{12\,x^3\,y} + 7 \cdot |x|\sqrt{75\,xy} - 4\sqrt{3\,xy} \cdot \sqrt{16\,x^2}$.

   Was muß über x und y vorausgesetzt werden, damit die Wurzeln existieren?

4. Bringe den Faktor vor der Wurzel unter die Wurzel und vereinfache dann:
   a) $6 \cdot \sqrt{\tfrac{5}{12}}$; b) $(\sqrt{3} - 1)\sqrt{4 + 2\sqrt{3}}$; c) $(\sqrt{5} + 2)\sqrt{9 + \sqrt{5}}$;
   d) $(2 - \sqrt{7})\sqrt{11 + 4\sqrt{7}}$; e) $(\sqrt{3} - \sqrt{5})\sqrt{\sqrt{12} + \sqrt{20}}$.

5. Ziehe teilweise die Wurzel:
   a) $\sqrt{3\,a^2 + 12\,ab + 12\,b^2}$; b) $\sqrt{x^3 - 2\,x^2 + x}$;
   c) $\sqrt{20\,x^2 - 20\,xy + 5\,y^2} - \sqrt{5\,y^2 - 10\,y + 5}$.

G Rationalmachen des Nenners

G 1 Um $\dfrac{1}{\sqrt{5}}$ näherungsweise zu berechnen, kannst du 1 durch den Näherungswert 2,24 dividieren. Arbeitest du ohne Taschenrechner, ist es jedoch günstiger, du „machst den Nenner rational".

$$\frac{1}{\sqrt{5}} = \frac{\sqrt{5}}{\sqrt{5}\cdot\sqrt{5}} = \frac{\sqrt{5}}{(\sqrt{5})^2} = \frac{\sqrt{5}}{5} \approx \frac{2{,}24}{5} = 0{,}448.$$

Im Nenner ist die Wurzel beseitigt, der Nenner ist rational.

Mache in folgenden Brüchen die Nenner durch Erweitern rational:

a) $\dfrac{1}{\sqrt{3}}$; b) $\dfrac{2}{\sqrt{2}}$.

G 2 Ein zweites Beispiel für das Rationalmachen des Nenners:

$$\frac{2\sqrt{5} - 3\sqrt{2}}{\sqrt{10}} = \frac{(2\sqrt{5} - 3\sqrt{2})\sqrt{10}}{\sqrt{10}\cdot\sqrt{10}} = \frac{2\sqrt{5}\cdot\sqrt{10} - 3\sqrt{2}\sqrt{10}}{10}$$

$$= \frac{2\sqrt{5\cdot 10} - 3\sqrt{2\cdot 10}}{10} = \frac{10\sqrt{2} - 6\sqrt{5}}{10}$$

$$= \frac{2(5\sqrt{2} - 3\sqrt{5})}{10} = \frac{1}{5}(5\sqrt{2} - 3\sqrt{5}).$$

Mache in

$$\frac{3\sqrt{2} - \sqrt{6}}{\sqrt{3}} - \frac{3\sqrt{2} - 2\sqrt{3}}{\sqrt{6}}$$

zunächst beide Nenner rational, und fasse dann möglichst weit zusammen.

G 3 Den Bruch

$$\frac{a}{\sqrt{a+1}} \quad (a > -1)$$

erweiterst du mit $\sqrt{a+1}$:

$$\frac{a \cdot \sqrt{a+1}}{(\sqrt{a+1})^2} = \frac{a\sqrt{a+1}}{a+1}.$$

Mache in

$$\frac{x+y}{\sqrt{x^2-y^2}}$$

den Nenner rational und kürze.

G 4 Wenn du

$$\frac{9}{5-\sqrt{7}}$$

mit $\sqrt{7}$ erweiterst, wird der neue Nenner $5\sqrt{7} - 7$, also nicht rational.

Hier führt die Formel

$$(a-b)(a+b) = a^2 - b^2$$

zum Ziel. Denn wenn du mit $5 + \sqrt{7}$ erweiterst, ergibt sich

$$\frac{9}{5-\sqrt{7}} = \frac{9(5+\sqrt{7})}{(5-\sqrt{7})(5+\sqrt{7})} = \frac{9(5+\sqrt{7})}{5^2 - (\sqrt{7})^2} = \frac{9(5+\sqrt{7})}{25-7} =$$

$$= \frac{9(5+\sqrt{7})}{18} = \frac{5+\sqrt{7}}{2}.$$

So verfährst du stets, wenn im Nenner eine Summe oder Differenz mit Wurzelgliedern steht.

Mache den Nenner von

$$\frac{4}{\sqrt{11}+1}$$

rational.

G 5 Ein weiteres Beispiel der gleichen Art:

$$\frac{\sqrt{15}}{\sqrt{10}+2\sqrt{3}} = \frac{\sqrt{15}(\sqrt{10}-2\sqrt{3})}{(\sqrt{10}+2\sqrt{3})(\sqrt{10}-2\sqrt{3})} = \frac{\sqrt{15 \cdot 10} - 2\sqrt{15 \cdot 3}}{(\sqrt{10})^2 - (2\sqrt{3})^2}$$

$$= \frac{5\sqrt{6}-6\sqrt{5}}{10-4 \cdot 3} = \frac{5\sqrt{6}-6\sqrt{5}}{10-12} = \frac{5\sqrt{6}-6\sqrt{5}}{-2}$$

$$= \frac{6\sqrt{5}-5\sqrt{6}}{2}.$$

Forme

$$\frac{3\sqrt{5}}{2\sqrt{6} - 3\sqrt{3}}$$

ebenso um.

G 6 Der Term

$$\frac{\sqrt{a} + \sqrt{b}}{a\sqrt{b} + b\sqrt{a}}$$

ist nur dann sinnvoll, wenn die Wurzeln existieren und der Nenner $\neq 0$ ist. Wir machen den Nenner rational, indem wir mit

$a\sqrt{b} - b\sqrt{a}$

erweitern:

$$\frac{\sqrt{a} + \sqrt{b}}{a\sqrt{b} + b\sqrt{a}} = \frac{(\sqrt{a} + \sqrt{b})(a\sqrt{b} - b\sqrt{a})}{(a\sqrt{b} + b\sqrt{a})(a\sqrt{b} - b\sqrt{a})} =$$

$$= \frac{a\sqrt{ab} - ab + ab - b\sqrt{ab}}{(a\sqrt{b})^2 - (b\sqrt{a})^2} = \frac{\sqrt{ab}(a-b)}{a^2 b - b^2 a} =$$

$$= \frac{\sqrt{ab}(a-b)}{ab(a-b)} = \frac{\sqrt{ab}}{ab}.$$

Selbstverständlich gilt diese Umformung nur für $a \neq b$.

Mache in

$$\frac{4\sqrt{3} - 3\sqrt{2}}{4\sqrt{3} + 3\sqrt{2}}$$

den Nenner rational und vereinfache möglichst weit.

G 7 Den Bruch

$$\frac{1}{\sqrt{2 - \sqrt{3}}}$$

erweiterst du zunächst mit $\sqrt{2 - \sqrt{3}}$:

$$\frac{1 \cdot \sqrt{2 - \sqrt{3}}}{(\sqrt{2 - \sqrt{3}})^2} = \frac{\sqrt{2 - \sqrt{3}}}{2 - \sqrt{3}}.$$

Der Nenner ist noch nicht rational. Deshalb erweiterst du mit $2 + \sqrt{3}$:

$$\frac{\sqrt{2 - \sqrt{3}}(2 + \sqrt{3})}{(2 - \sqrt{3})(2 + \sqrt{3})} = \frac{(2 + \sqrt{3})\sqrt{2 - \sqrt{3}}}{4 - 3} = (2 + \sqrt{3})\sqrt{2 - \sqrt{3}}.$$

Schließlich bringst du den Faktor vor der Wurzel unter die Wurzel:
$$\sqrt{(2+\sqrt{3})^2 (2-\sqrt{3})} =$$
$$= \sqrt{(2+\sqrt{3})[(2+\sqrt{3})(2-\sqrt{3})]} = \sqrt{(2+\sqrt{3})(4-3)}$$
$$= \sqrt{2+\sqrt{3}}.$$

Es gibt für die Lösung dieser Aufgabe einen günstigeren Weg. Du versuchst zunächst den Ausdruck unter der Wurzel des Nenners rational zu machen. Dazu erweiterst du den Bruch mit
$$\sqrt{2+\sqrt{3}}.$$
Führe die Rechnung durch.

Übungen zu Programm G

1 Mache den Nenner rational und vereinfache:

a) $\dfrac{12}{\sqrt{6}}$; b) $\sqrt{\dfrac{3}{5}}$; c) $\dfrac{2x}{\sqrt{3x}}$; d) $\dfrac{a^2-1}{\sqrt{a+1}}$; e) $\dfrac{x\sqrt{y}+y\sqrt{x}}{\sqrt{xy}}$;

f) $\sqrt{\dfrac{2a-b}{2a+b}}$.

2 Ebenso

a) $\dfrac{40}{2-\sqrt{5}}$; b) $\dfrac{\sqrt{3}-\sqrt{2}}{3-2\sqrt{6}}$;

c) $\sqrt{\dfrac{7+4\sqrt{3}}{7-4\sqrt{3}}}$; d) $\dfrac{5}{\sqrt{5}-2\sqrt{5}}$.

3 Vereinfache so weit wie möglich:

a) $\sqrt{360x} + 15x \sqrt{\dfrac{32}{45x}} + 8\sqrt{\dfrac{45x}{32}}$;

b) $\dfrac{\sqrt{240}}{5\sqrt{3}-3\sqrt{5}} - \dfrac{2\sqrt{15}-6}{\sqrt{3}}$;

c) $\dfrac{2a-\sqrt{ab}}{\sqrt{a}-\sqrt{b}} - \dfrac{2a+3\sqrt{ab}}{\sqrt{a}+\sqrt{b}} - \dfrac{2b\sqrt{a}}{a-b}$.

4 Welche Werte dürfen x und y annehmen, damit folgende Ausdrücke definiert sind?

a) $\dfrac{1+2\sqrt{x}}{x+\sqrt{xy}} - \dfrac{1-3\sqrt{y}}{y-\sqrt{xy}} + \dfrac{6\sqrt{y}-2}{x-y}$, b) $\dfrac{1}{\sqrt{xy}} - \dfrac{1}{\sqrt{x}+\sqrt{y}}$.

Zeige durch Rationalmachen der Nenner und Vereinfachen, daß beide Ausdrücke gleichwertig sind.

Es folgt der zweite Test. Prüfe deinen Lernerfolg. Schreibe erst alle Antworten auf, dann schlage die Lösungen nach.

Test II

Aufgabe D
Vereinfache
a) $\sqrt{9r^2 - 6rs + s^2}$; b) $2(\sqrt{x} - \sqrt{y}) + 3(\sqrt{x} + \sqrt{y}) - \sqrt{y}$.

Aufgabe E
Vereinfache
a) $\dfrac{3\sqrt{ab}\,\sqrt{15c}}{\sqrt{3ac}}$ (a, b, c > 0); b) $(3\sqrt{5} + 5\sqrt{7})^2$.

Aufgabe F
Vereinfache
a) $5x\sqrt{50x} + \dfrac{3}{x}\sqrt{2x^5} - 2\sqrt{98x^3}$ (x > 0);
b) $(\sqrt{3} - \sqrt{2})\sqrt{5 + 2\sqrt{6}}$.

Aufgabe G
Mache den Nenner rational und vereinfache möglichst weit:
$\dfrac{2\sqrt{15} - 3\sqrt{6}}{3\sqrt{2} - 2\sqrt{3}}$.

Die Lösungen findest du auf Seite 122.
Wenn du alle Testfragen richtig beantworten konntest, gehst du weiter zu Programm H oder, wenn du das Buch nur zur Wiederholung verwendest, zu Test III auf Seite 78.
Konntest du dagegen die Fragen nicht oder nur fehlerhaft beantworten, so wiederholst du erst die vorhergehenden Programme und Übungen und zwar
Programm D, wenn du Aufgabe D,
Programm E, wenn du Aufgabe E,
Programm F, wenn du Aufgabe F,
Programm G, wenn du Aufgabe G
nicht lösen konntest.

III. Teil: Die quadratische Gleichung

Wir berechnen die Seiten x und y eines Rechtecks, dessen Umfang 52 cm und dessen Flächeninhalt 144 cm² ist.
Es gilt

für den Umfang des Rechtecks: I $2x + 2y = 52$,

für den Inhalt des Rechtecks: II $x \cdot y = 144$.

Die Gleichung I läßt sich leicht nach y auflösen: $y = 26 - x$.
Setzt du das in Gleichung II ein, so erhältst du

$x \cdot (26 - x) = 144$

oder umgeformt

$x^2 - 26x + 144 = 0$.

Dies ist eine quadratische Gleichung. Auf solche Gleichungen stößt du in vielen Gebieten der Mathematik und Naturwissenschaften. Wir zeigen dir einige Lösungsmethoden.

H Die quadratische Ergänzung

H 1 Gleichungen wie

$x^2 = 5$ oder $2x^2 + 3x + 6 = 0$ oder $\frac{3}{7}x^2 = 0,6x$

nennt man quadratische Gleichungen. Sie lassen sich auf die Form

$$\boxed{ax^2 + bx + c = 0 \quad \text{mit} \quad a \neq 0}$$

bringen. Sie heißen auch Gleichungen „zweiten Grades". Die höchste vorkommende Potenz von x ist x^2; ihre Hochzahl bestimmt den Grad der Gleichung.
a, b und c heißen die Koeffizienten der Gleichung.
ax^2 ist das quadratische, bx das lineare und c das konstante Glied.

a) Welche quadratische Gleichung erhältst du für

  $a = 5$; $b = -2$; $c = 7$?

b) Welche Werte mußt du in die allgemeine Form für die Koeffizienten a, b, c einsetzen, um die Gleichung $x^2 - 5 = 0$ zu bekommen?

H 2 Wir behandeln zunächst die besonderen Fälle, in denen das lineare oder das konstante Glied fehlt.

Erster Sonderfall $c = 0$:
Die Gleichung lautet dann

$ax^2 + bx = 0$.

Hier läßt sich der Faktor x ausklammern:

$x(ax + b) = 0$.

Nach der Regel: „Ein Produkt ist Null, wenn ein Faktor Null ist", erhältst du die Lösungen aus

$x = 0$ und $ax + b = 0$.

Ein Beispiel: $3x^2 - 5x = 0$
  $x(3x - 5) = 0$
  $x = 0$ oder $3x - 5 = 0$.
Also $x = 0$ oder $x = \frac{5}{3}$.

Die Lösungsmenge ist
$\mathbb{L} = \{0 ; \frac{5}{3}\}$.

Löse

$5x^2 = 12x$

und mache die Probe.

H 3 Zweiter Sonderfall b = 0:
Die Gleichung

$ax^2 + c = 0$ $(a \neq 0)$

heißt „reinquadratisch". Durch Umformung erhältst du:

$x^2 = -\frac{c}{a}$.

Eine reinquadratische Gleichung läßt sich also stets auf die Form

$x^2 = r$

bringen. Sie hat

für $r > 0$ die beiden verschiedenen Lösungen $\sqrt{r}$ und $-\sqrt{r}$,
für $r = 0$ die einzige Lösung 0,
für $r < 0$ keine Lösung.

Löse

a) $9x^2 - 16 = 0$; b) $5x^2 + 80 = 0$.

H 4 Wenn

$(x - 3)^2 = 16$

sein soll, so muß $x - 3$ entweder 4 oder -4 sein:
also $x - 3 = 4$ oder $x - 3 = -4$,
d.h. $x = 7$ oder $x = -1$.

Da die Verknüpfung von Gleichungen durch „oder" häufig vorkommt, verwenden wir das in der Logik gebräuchliche Symbol $\vee$. Wir schreiben

$x = 7 \vee x = -1$.

Die Gleichung

$(x - 3)^2 = 16$

hat somit zwei Lösungen. Die Lösungsmenge ist

$\mathbb{L} = \{7; -1\}$.

Wir machen die Probe für x = 7: $(7-3)^2 = 4^2 = 16$,
für x = −1: $(-1-3)^2 = (-4)^2 = 16$.

Bestimme die Lösungsmenge von $(2x + 5)^2 = 49$ und mache die Probe.

H 5 Die linke Seite der Gleichung

$x^2 + 4x + 4 = 25$

ist ein „vollständiges Quadrat". Du schreibst einfacher

$(x + 2)^2 = 25$.

Hieraus folgt

$x + 2 = 5 \lor x + 2 = -5$,
$x = 3 \lor x = -7$.

Die Lösungsmenge ist

$\mathbb{L} = \{3; -7\}$.

Löse

$4x^2 - 4x + 1 = 49$.

H 6 Die Gleichung

$x^2 - 8x + 12 = 0$

läßt sich so umformen, daß auf der linken Seite ein vollständiges Quadrat steht. Du bringst zunächst das konstante Glied auf die rechte Seite:

$x^2 - 8x = -12$.

Jetzt suchst du für die linke Seite nach der Formel

$(x - b)^2 = x^2 - 2bx + b^2$

die „quadratische Ergänzung". Durch Vergleich von $x^2 - 8x$ mit

$x^2 - 2bx$

erkennst du

$2bx = 8x$, also $b = 4$.

Die quadratische Ergänzung ist dann

$b^2 = 4^2 = 16$.

Diese Zahl addierst du auf beiden Seiten der Gleichung:

$x^2 - 8x + 16 = -12 + 16$.

Nun faßt du zusammen und rechnest wie bisher:
$(x - 4)^2 = 4$
$x - 4 = 2 \lor x - 4 = -2$
$\quad x = 6 \lor x = 2$
$\mathbb{L} = \{6; 2\}$.

a) Wie heißt die quadratische Ergänzung zu $x^2 - 10x$?
b) Löse damit die Gleichung $x^2 - 10x + 9 = 0$.

H 7 Durch Vergleich des linearen Gliedes von

$x^2 + px$

mit dem von

$x^2 + 2bx + b^2$

ergibt sich

$2b = p$, also $b = \dfrac{p}{2}$.

> Die quadratische Ergänzung zu $x^2 + px$ ist $\left(\dfrac{p}{2}\right)^2$.

Ein Beispiel: $\quad x^2 + 5x - 6 = 0$
Umstellung: $\quad x^2 + 5x = 6$
quadratische Ergänzung: $x^2 + 5x + \left(\dfrac{5}{2}\right)^2 = 6 + \dfrac{25}{4}$

$$\left(x + \dfrac{5}{2}\right)^2 = \dfrac{24 + 25}{4} = \dfrac{49}{4}$$

$$x + \dfrac{5}{2} = \dfrac{7}{2} \lor x + \dfrac{5}{2} = -\dfrac{7}{2}.$$

Dafür schreibt man auch kurz

$$x + \dfrac{5}{2} = \pm \dfrac{7}{2}.$$

Weiter folgt:

$x = \dfrac{7}{2} - \dfrac{5}{2} \lor x = -\dfrac{7}{2} - \dfrac{5}{2}$; kurz $x = \pm \dfrac{7}{2} - \dfrac{5}{2}$.

Die Lösungsmenge ist
$\mathbb{L} = \{1; -6\}$.

Löse $x^2 + 9x + 18 = 0$ und mache die Probe.

H 8 Ein weiteres Beispiel:
$$x^2 - 7x + 1 = 0$$
$$x^2 - 7x = -1$$
$$x^2 - 7 \cdot x + \left(\tfrac{7}{2}\right)^2 = -1 + \tfrac{49}{4}$$
$$\left(x - \tfrac{7}{2}\right)^2 = \tfrac{45}{4}$$
$$x - \tfrac{7}{2} = \pm \sqrt{\tfrac{45}{4}}.$$

Die Wurzel auf der rechten Seite geht diesmal nicht auf. Du kannst lediglich teilweise radizieren.
$$x - \tfrac{7}{2} = \pm \tfrac{3}{2}\sqrt{5}$$
$$x = \tfrac{7}{2} \pm \tfrac{3}{2}\sqrt{5}$$
$$x = \tfrac{1}{2}(7 \pm 3\sqrt{5})$$
$$\mathbb{L} = \{\tfrac{1}{2}(7 + 3\sqrt{5})\,;\ \tfrac{1}{2}(7 - 3\sqrt{5})\}.$$

Bestimme die Lösungsmenge zu
$$x^2 + 6x - 3 = 0.$$
Mache die Probe für eine der beiden Lösungen.

H 9 In der Gleichung
$$3x^2 + x - 2 = 0$$
steht bei x^2 der Faktor 3. Wir dividieren durch 3 und stellen um:
$$x^2 + \tfrac{1}{3}x = \tfrac{2}{3}.$$
Durch Addition von
$$(\tfrac{1}{3} : 2)^2 = (\tfrac{1}{6})^2 = \tfrac{1}{36}$$
folgt:
$$x^2 + \tfrac{1}{3}x + \left(\tfrac{1}{6}\right)^2 = \tfrac{2}{3} + \tfrac{1}{36}$$
$$\left(x + \tfrac{1}{6}\right)^2 = \tfrac{25}{36}$$
$$x + \tfrac{1}{6} = \pm \tfrac{5}{6}$$
$$x = -\tfrac{1}{6} \pm \tfrac{5}{6}$$
$$\mathbb{L} = \{\tfrac{2}{3}\,;\, -1\}.$$

Bestimme die Lösungsmenge von
$$6x^2 - 5x - 6 = 0.$$

H 10 Wir lösen die Gleichung
$$x^2 + px - 10 = 0,$$
in der p für eine beliebige Zahl steht:
$$x^2 + px + \left(\frac{p}{2}\right)^2 = 10 + \frac{p^2}{4}$$
$$\left(x + \frac{p}{2}\right)^2 = \frac{40 + p^2}{4}$$
$$x + \frac{p}{2} = \pm\sqrt{\frac{40 + p^2}{4}} = \pm\frac{1}{2}\sqrt{40 + p^2}$$
$$x = -\frac{p}{2} \pm \frac{1}{2}\sqrt{40 + p^2}.$$

Die Lösungsmenge ist
$$\mathbb{L} = \left\{-\frac{p}{2} + \frac{1}{2}\sqrt{40 + p^2} \; ; \; -\frac{p}{2} - \frac{1}{2}\sqrt{40 + p^2}\right\}.$$

Diese Rechnung gilt für jede beliebige Zahl p. Setzt du z.B. p = 3, so lautet die Gleichung
$$x^2 + 3x - 10 = 0,$$
und die Lösungsmenge ist
$$\mathbb{L} = \left\{-\frac{3}{2} + \frac{1}{2}\sqrt{40 + 9} \; ; \; -\frac{3}{2} - \frac{1}{2}\sqrt{40 + 9}\right\} = \left\{-\frac{3}{2} + \frac{7}{2} \; ; \; -\frac{3}{2} - \frac{7}{2}\right\}$$
$$= \{2; -5\}.$$

Welche Gleichung erhältst du für p = 9? Bestimme die Lösungsmenge dieser Gleichung.

Übungen zu Programm H

1 Bestimme die Lösungsmengen folgender Gleichungen:
a) $5x^2 - 16x = 0$; b) $28x = 3x^2$; c) $6x^2 + 5 = 0$;
d) $0,4x^2 - 2,5 = 0$; e) $2\frac{1}{3} - 0,6x^2 = 0$;
f) $3(7 - 2x) + (x + 2)(3x - 9) = 3$.

2 Bestimme zu folgenden Termen die quadratische Ergänzung.
   Schreibe den ergänzten Term als vollständiges Quadrat.
   a) $x^2 - 12x$;   b) $x^2 + 13x$;   c) $x^2 + \frac{7}{11}x$;
   d) $x^2 - 3\frac{4}{5}x$;   e) $x^2 - 5rx$;   f) $x^2 + \frac{b}{a}x$.

3 Löse durch quadratische Ergänzung:
   a) $x^2 - 7x + 6 = 0$;   b) $x^2 + 10x - 24 = 0$;
   c) $4x^2 - 5x - 26 = 0$;   d) $5x^2 + 3x - 4 = 0$.

4 Löse:
   $x^2 - 6x + c = 0$.
   Hat die Gleichung für jeden Wert von c eine Lösung?

5 a) $x^2 + 8kx = 7$;   b) $k^2 x^2 - 4kx + 4 = 0$;
   c) $3x^2 + 12kx + 5 = 0$;   d) $2kx^2 - k^2 x = 3$.
   Gib die Lösungsmengen für den speziellen Wert k = 1 an.
   Sind die Gleichungen für alle Werte von k lösbar?

I Die Lösungsformel der quadratischen Gleichung

I 1 Zur Lösung quadratischer Gleichungen ist immer wieder der gleiche Rechengang nötig. Um diesen zu ersparen, werden wir jetzt die allgemeine quadratische Gleichung

$$ax^2 + bx + c = 0$$

lösen.

Damit du die einzelnen Schritte besser verfolgen kannst, lösen wir links eine spezielle, rechts die allgemeine Gleichung.

$$5x^2 + 9x + 2 = 0 \qquad | \qquad ax^2 + bx + c = 0.$$

Division durch den Koeffizienten von x^2 und Umstellung:

$$x^2 + \tfrac{9}{5}x = -\tfrac{2}{5} \qquad | \qquad x^2 + \tfrac{b}{a}x = -\tfrac{c}{a}$$

Quadratische Ergänzung:

$$x^2 + \tfrac{9}{5}x + \left(\tfrac{9}{10}\right)^2 = -\tfrac{2}{5} + \tfrac{81}{100} \qquad | \qquad x^2 + \tfrac{b}{a}x + \left(\tfrac{b}{2a}\right)^2 = -\tfrac{c}{a} + \tfrac{b^2}{4a^2}$$

Zusammenfassen und auflösen:

$$\left(x + \tfrac{9}{10}\right)^2 = \tfrac{-40 + 81}{100} \qquad | \qquad \left(x + \tfrac{b}{2a}\right)^2 = \tfrac{b^2 - 4ac}{4a^2}$$

$$x + \tfrac{9}{10} = \pm\sqrt{\tfrac{41}{100}} \qquad | \qquad x + \tfrac{b}{2a} = \pm\sqrt{\tfrac{b^2 - 4ac}{4a^2}}$$

$$x + \tfrac{9}{10} = \pm\tfrac{\sqrt{41}}{10} \qquad | \qquad x + \tfrac{b}{2a} = \pm\tfrac{\sqrt{b^2 - 4ac}}{2a}$$

$$x = \tfrac{-9 \pm \sqrt{41}}{10} \qquad | \qquad x = \tfrac{-b \pm \sqrt{b^2 - 4ac}}{2a}$$

Ergebnis:

> Die quadratische Gleichung $ax^2 + bx + c = 0$ hat die Lösungen
> $$x = \frac{-b \pm \sqrt{b^2 - 4ac}}{2a}.$$

Welche quadratische Gleichung erhältst du für
a = 3, b = − 1, c = − 2?
Löse die Gleichung mit Hilfe der Lösungsformel.

I 2 Die Gleichung
$$x^2 + 7x - 18 = 0$$
erhältst du aus der allgemeinen Form
$ax^2 + bx + c = 0$ für $a = 1, b = 7$ und $c = -18$.
Nach der Lösungsformel
$$x = \frac{-b \pm \sqrt{b^2 - 4ac}}{2a}$$
ergibt sich dann:
$$x = \frac{-7 \pm \sqrt{49 - 4 \cdot 1 \cdot (-18)}}{2 \cdot 1} = \frac{-7 \pm \sqrt{49 + 72}}{2} = \frac{-7 \pm \sqrt{121}}{2} =$$
$$= \frac{-7 \pm 11}{2}.$$

Die beiden Lösungen sind also:
$$x_1 = \frac{-7 + 11}{2} = 2 \; ; \; x_2 = \frac{-7 - 11}{2} = -9.$$

Probe für $x_1 = 2$: $4 + 14 - 18 = 0$,
Probe für $x_2 = -9$: $81 - 63 - 18 = 0$.

Löse die in der Einleitung zum III. Teil auf Seite 47 aufgestellte Gleichung $x^2 - 26x + 144 = 0$. Wie lang sind demnach die Seiten des Rechtecks?

I 3 Um $9x^2 + 6x - 5 = 0$ zu lösen, setzt du $a = 9, b = 6, c = -5$
in die Lösungsformel ein:
$$x = \frac{-6 \pm \sqrt{36 - 4 \cdot 9 \cdot (-5)}}{2 \cdot 9} = \frac{-6 \pm \sqrt{36 + 180}}{18} = \frac{-6 \pm \sqrt{216}}{18}$$
$$= \frac{-6 \pm 6\sqrt{6}}{18} = \frac{6(-1 \pm \sqrt{6})}{18} = \frac{1}{3}(-1 \pm \sqrt{6}).$$

Wir geben für die beiden Lösungen Näherungswerte an:
$x_1 = \frac{1}{3}(-1 + \sqrt{6}) \approx \frac{1}{3}(-1 + 2{,}45) \approx 0{,}48 \; ; \; x_2 \approx \frac{1}{3}(-1 - 2{,}45) = -1{,}15.$

Probe für $x_1 = 0,48$:

$9 \cdot 0,48^2 + 6 \cdot 0,48 - 5 = 9 \cdot 0,23 + 2,88 - 5 = 2,07 + 2,88 - 5 = -0,05$.

Da 0,48 nur ein Näherungswert einer Lösung ist, war zu erwarten, daß bei der Probe nicht genau 0 herauskommt.

Mache die Probe für 0,49. Ist 0,48 oder 0,49 der bessere Näherungswert?

I 4 Für die Lösung von $x^2 - 3x + 5 = 0$ setzt du $a = 1$, $b = -3$ und $c = 5$ in die Formel ein:

$$x = \frac{-(-3) \pm \sqrt{9 - 4 \cdot 1 \cdot 5}}{2 \cdot 1} = \frac{3 \pm \sqrt{-11}}{2}.$$

Unter der Wurzel steht -11; also existiert sie nicht. Die Gleichung hat keine Lösung. Die Lösungsmenge ist leer:

$\mathbb{L} = \emptyset$.

Bestimme die Lösungsmenge zu
$4x^2 + 12x + 9 = 0$.

I 5 Über die Anzahl der Lösungen der quadratischen Gleichung

$ax^2 + bx + c = 0$

entscheidet der Radikand in der Lösungsformel. Er heißt die „Diskriminante"

$D = b^2 - 4ac$.

Ist $D > 0$, so hat die Gleichung zwei verschiedene Lösungen, da $\sqrt{D}$ im Zähler einmal addiert, einmal subtrahiert wird.

Ist $D = 0$, so ist $x = \frac{-b}{2a}$. Es gibt nur eine Lösung.

Ist $D < 0$, so existiert $\sqrt{D}$ nicht, und die Gleichung hat keine Lösung.

Zusammenfassung:

$D > 0$	$\Rightarrow$	zwei verschiedene Lösungen
$D = 0$	$\Rightarrow$	eine Lösung
$D < 0$	$\Rightarrow$	keine Lösung

Um unnötige Rechnungen zu vermeiden, ist es im allgemeinen zweckmäßig, zunächst die Diskriminante D zu berechnen und dann x nach der Formel

$$x = \frac{-b \pm \sqrt{D}}{2a} \quad \text{mit} \quad D = b^2 - 4ac.$$

Berechne zu folgenden Gleichungen die Diskriminanten:
a) $3x^2 + 8x + 9 = 0$; b) $15x^2 - 23x + 4 = 0$;
c) $12x^2 - 60x + 75 = 0$.

Wie viele Lösungen haben die Gleichungen?
Gib die Lösungsmengen an.

I 6 Wir lösen $(r + 1)x^2 + rx - 1 = 0$ für $r \neq -1$.

Da $r \neq -1$ vorausgesetzt ist, ist die Gleichung quadratisch. Wir setzen
$a = r + 1$; $b = r$ und $c = -1$

in die Lösungsformel ein:

$D = r^2 - 4(r + 1) \cdot (-1) = r^2 + 4r + 4 = (r + 2)^2$,

$$x = \frac{-r \pm \sqrt{(r+2)^2}}{2(r+1)} = \frac{-r \pm |r+2|}{2(r+1)}.$$

Da $\pm |r + 2|$ und $\pm (r + 2)$ dieselben Zahlen bedeuten, folgt weiter:

$$x = \frac{-r \pm (r+2)}{2(r+1)},$$

$x_1 = \dfrac{-r + r + 2}{2(r+1)} = \dfrac{1}{r+1}$; $x_2 = \dfrac{-r - r - 2}{2(r+1)} = -\dfrac{2r+2}{2(r+1)} = -1$.

Die Probe ergibt

für x_1: $(r+1)\dfrac{1}{(r+1)^2} + r \cdot \dfrac{1}{r+1} - 1 = \dfrac{1}{r+1} + \dfrac{r}{r+1} - 1 =$

$= \dfrac{1 + r - (r+1)}{r+1} = 0$,

für x_2: $(r+1)(-1)^2 + r(-1) - 1 = r + 1 - r - 1 = 0$.

Somit ist

$\mathbb{L} = \left\{ \dfrac{1}{r+1} ; -1 \right\}$.

Für $r = -2$ ist $D = 0$ und
$$x_1 = \frac{1}{-2+1} = -1 = x_2.$$
In $\mathbb{L}$ tritt dann die Lösung -1 doppelt auf. Man nennt sie deshalb auch eine „Doppellösung".

Löse $2x^2 - rx - r^2 = 0$ und mache die Probe.

---

17 Die Gleichung
$$ax^2 - x^2 + 2ax + a + 1 = 0, \quad a \neq 1$$
bringst du erst auf die Normalform:
$$(a-1)x^2 + 2ax + (a+1) = 0.$$

Da der Buchstabe a vorkommt, ist es zweckmäßig, sich die allgemeine Form der quadratischen Gleichung mit anderen, etwa mit großen Buchstaben aufzuschreiben:

$Ax^2 + Bx + C = 0.$

Dann ist

$A = a - 1 \; ; \; B = 2a \; ; \; C = a + 1$

in die Lösungsformel

$$D = B^2 - 4AC \; ; \; x = \frac{-B \pm \sqrt{D}}{2A}$$

einzusetzen. Du erhältst:
$$D = 4a^2 - 4(a-1)(a+1) = 4a^2 - 4(a^2 - 1) = 4,$$
$$x = \frac{-2a \pm 2}{2(a-1)},$$
$$x_1 = \frac{-2a+2}{2(a-1)} = \frac{-2(a-1)}{2(a-1)} = -1,$$
$$x_2 = \frac{-2a-2}{2(a-1)} = \frac{-2(a+1)}{2(a-1)} = -\frac{a+1}{a-1} = \frac{1+a}{1-a}.$$

$\mathbb{L} = \left\{ -1 \; ; \; \dfrac{1+a}{1-a} \right\}.$

Bestimme die Lösungsmenge von $x^2 - 3x + 2ax - 3a - 4 = 0$.
Hat die Gleichung für jeden Wert von a zwei verschiedene Lösungen?

I 8 Bei der Gleichung am Anfang von I 7 hatten wir $a \neq 1$ vorausgesetzt. Für $a = 1$ heißt sie

$2x + 2 = 0,$

ist nicht mehr quadratisch, sondern linear und hat die Lösung $x = -1$. Das ist die erste der Lösungen in der allgemeinen Lösungsmenge $\mathbb{L}$ von I 7, die zweite fehlt für $a = 1$.

Für welche Werte von k hat die Gleichung

$5x^2 - 4x + 1 = kx(1 - 2x)$

keine, eine oder zwei Lösungen? Prüfe auch die Möglichkeit, daß die Gleichung linear wird.

Übungen zu Programm I

1 Bestimme die Lösungsmengen der Gleichungen:
   a) $x^2 - 9x - 22 = 0$;   b) $3x^2 - 2x - 21 = 0$;
   c) $3x^2 - 10x + 6 = 0$; d) $5x^2 + 2x + 1 = 0$;
   e) $x^2 + x - 1 = 0$;   f) $1{,}5x^2 - 16{,}5x - 39 = 0$.

2 Löse
   a) $x^2 + 6ax + 9a^2 - 4 = 0$;   b) $a^2x^2 - 5ax + 6 = 0$;
   c) $(3a - 1)x^2 + (3a - 2)x - 1 = 0$; d) $2ax^2 - 3bx + 4c = 0$.

3 Löse mit der Lösungsformel:
   a) $3x^2 + 8x = 0$;   b) $2x^2 - 4{,}5 = 0$.

4 Welche der folgenden Gleichungen haben zwei, eine, keine Lösung?
   a) $3x^2 + 7x + 8 = 0$;   b) $3x^2 + 7x - 8 = 0$;
   c) $16x^2 - 24x + 9 = 0$; d) $2 - 3x - 3x^2 = 0$.

5 Für welche Werte von k hat die Gleichung
$(1 + k) x^2 + (2 - k) x + 1 = 0$
zwei gleiche Lösungen?

6 Für welche Werte von p ist die Lösung der Gleichung
$10 x^2 + 2 x + 1 = 2 px(x + 1)$
eindeutig bestimmt?
Wie groß ist die Lösung dann jeweils?

7 Folgende Gleichungen führen auf relativ große Zahlen.
Benütze zu ihrer Lösung den Taschenrechner.
a) $3 x^2 - 40 x - 323 = 0$;   b) $15 x^2 + 300 x - 1035 = 0$;
c) $7 x^2 + 289 x + 82 = 0$;   d) $13 x(x - 37) = 4450$;
e) $2{,}304 x^2 - 8{,}617 x = 277{,}355$.

J Gleichungen, die auf quadratische führen

J 1 Wir beginnen mit einer Textaufgabe:
Vergrößert man in einem Quadrat zwei Gegenseiten um 4 cm und die anderen um 6 cm, so entsteht ein Rechteck, dessen Flächeninhalt doppelt so groß ist wie der des Quadrats. Wie lang ist eine Seite des Quadrats?

Du bezeichnest die Länge der Quadratseite mit x cm. Dann sind die Seiten des Rechtecks (x + 4) cm und (x + 6) cm.

Für die Flächeninhalte ergibt sich damit (ohne die Benennung):

$(x + 4)(x + 6) = 2x^2$.

Wir lösen diese Gleichung:

$x^2 + 10x + 24 = 2x^2$

$x^2 - 10x - 24 = 0$

$x_1 = 12 \; ; \; x_2 = -2$.

$x_2 = -2$ hat keinen geometrischen Sinn.

Ergebnis:
Die Seiten des Quadrats sind 12 cm lang.

Die Summe der Quadrate dreier aufeinanderfolgender ganzer Zahlen ist 590. Wie lauten die drei Zahlen?

J 2 Ein Fußgänger legt die ersten 9 km einer 21 km langen Strecke mit einer um 1,2 km/h größeren Geschwindigkeit zurück als die Reststrecke. Insgesamt braucht er 4 Stunden. Wie schnell ist er während der ersten Teilstrecke gegangen?

Wir stellen die Aussagen der Aufgabe in einer Tabelle zusammen. Die gesuchte Geschwindigkeit sei x km/h.

	Weg in km	Geschw. in km/h	Zeit in h
1. Teilstrecke	9	x	$\dfrac{9}{x}$
2. Teilstrecke	12	x − 1,2	$\dfrac{12}{x-1,2}$

Da die Gesamtzeit 4 Stunden ist, gilt
$$\frac{9}{x} + \frac{12}{x - 1,2} = 4.$$
Wir multiplizieren die Gleichung mit dem Hauptnenner $x(x - 1,2)$:
$$9(x - 1,2) + 12 x = 4 x (x - 1,2).$$
Hieraus ergibt sich
$$9 x - 10,8 + 12 x = 4 x^2 - 4,8 x$$
$$4 x^2 - 25,8 x + 10,8 = 0$$
$$2 x^2 - 12,9 x + 5,4 = 0$$
$$D = 12,9^2 - 8 \cdot 5,4 = 166,41 - 43,2 = 123,21$$
$$x = \frac{12,9 \pm 11,1}{4} \; ; \; x_1 = 6 \; ; \; x_2 = 0,45.$$

Der zweite Wert ist unbrauchbar, da sich für ihn eine negative Geschwindigkeit auf der zweiten Teilstrecke ergeben würde.

Ergebnis: Auf der ersten Teilstrecke ist der Fußgänger mit 6 km/h gegangen.

Zwei Autos durchfahren auf der Autobahn eine 540 km lange Strecke. Da das eine durchschnittlich 24 km/h langsamer fährt, braucht es 45 Minuten länger als das andere. Welche Durchschnittsgeschwindigkeiten haben die Autos?

J 3 In der Gleichung
$$\frac{x + 1}{x^2 - 4 x + 4} - \frac{x + 4}{2 x^2 - 4 x} = \frac{1}{3 x}$$
schreibst du zunächst die einzelnen Nenner als Produkte:
$$x^2 - 4 x + 4 = (x - 2)^2 \; ; \; 2 x^2 - 4 x = 2 x(x - 2) \; ; \; 3 x.$$
Der Hauptnenner ist $2 \cdot 3 x \cdot (x - 2)^2$.

Multiplikation der Gleichung mit dem Hauptnenner liefert:
$$(x + 1) 6 x - (x + 4) 3(x - 2) = 1 \cdot 2 \cdot (x - 2)^2$$
$$6 x^2 + 6 x - (3 x^2 - 6 x + 12 x - 24) = 2(x^2 - 4 x + 4)$$
$$6 x^2 + 6 x - 3 x^2 + 6 x - 12 x + 24 = 2 x^2 - 8 x + 8$$
$$x^2 + 8 x + 16 = 0$$
$$D = 64 - 64 = 0$$
$$x = \frac{-8 \pm 0}{2} = -4.$$

Probe: $\dfrac{-4+1}{16+16+4} - \dfrac{-4+4}{32+16} = \dfrac{1}{3\cdot(-4)}$;

$$-\dfrac{3}{36} - 0 = -\dfrac{1}{12}.$$

Die Lösungsmenge ist $\mathbb{L} = \{-4\}$.

Löse

$$\dfrac{2x+3}{6x-8} - \dfrac{1}{x} = \dfrac{4x+2}{9x-12}$$

und mache die Probe.

J 4 Der Hauptnenner zu

$$\dfrac{x}{2x+6} + \dfrac{1}{3x-9} = \dfrac{x(x-1)}{3x^2-27}$$

ist $2 \cdot 3 \cdot (x+3)(x-3)$.

Multiplizierst du mit ihm die Gleichung, so erhältst du

$$x \cdot 3(x-3) + 1 \cdot 2(x+3) = x(x-1) \cdot 2,$$
$$x^2 - 5x + 6 = 0.$$

Die Lösungen dieser Gleichung sind

$x_1 = 3$; $x_2 = 2$.

Setzt du nun bei der Probe $x_1 = 3$ in die Bruchgleichung ein, so werden der zweite und der dritte Nenner Null. Der Wert 3 ist daher für die Variable nicht zulässig. Die Menge aller zulässigen Werte der Variablen nennt man die „Grundmenge" der Gleichung. In obiger Gleichung sind 3 und -3 für die Variable auszuschließen, da hierfür Nenner Null werden. Die Grundmenge ist deshalb

$G = \{x \mid x \neq 3 ; x \neq -3\}$.

Ein errechneter Wert kann nur dann Lösung sein, wenn er in der Grundmenge liegt. Also ist $x_1 = 3$ keine Lösung der Gleichung. Die Lösungsmenge ist demnach

$\mathbb{L} = \{2\}$.

Bestimme Grundmenge und Lösungsmenge zu:

$$\dfrac{1}{2x} + \dfrac{1}{2x+4} = \dfrac{2x-2}{3x^2-12}.$$

J 5 Aus dem Gleichungssystem

I $\quad 3x^2 + 2xy + 4y - 5 = 0$
II $\quad\quad\quad\; 3x + y - 2 = 0$

läßt sich y leicht „eliminieren". Dazu löst du die lineare Gleichung II nach y auf:

II' $\quad y = 2 - 3x,$

und setzt dies in I ein:

$3x^2 + 2x(2 - 3x) + 4(2 - 3x) - 5 = 0.$

Durch Ausmultiplizieren und Zusammenfassen erhältst du

$3x^2 + 8x - 3 = 0.$

Die Lösungen dieser Gleichung sind

$x_1 = \frac{1}{3}$; $x_2 = -3.$

Aus der linearen Gleichung II bekommen die zugehörigen y-Werte:

$y_1 = 2 - 3 \cdot \frac{1}{3} = 1$; $y_2 = 2 - 3 \cdot (-3) = 11.$

Die Lösungen des Systems sind die Zahlenpaare $(\frac{1}{3}; 1)$ und $(-3; 11)$. Die erste Zahl in der Klammer ist stets der x-Wert, die zweite der zugehörige y-Wert.

$\mathbb{L} = \{(\frac{1}{3}; 1)\,;\, (-3; 11)\}.$

Dieses Eliminationsverfahren ist immer anwendbar, wenn eine Gleichung in einer der beiden Variablen linear ist.

Löse das System

I $\quad x^2 - y^2 = 15$; $\quad\quad$ II $\quad 3x + 2y = 10.$

J 6 Ein Rechteck hat den Flächeninhalt 72 cm². Verlängert man eine Seite um 4 cm und verkürzt die andere um 1 cm, so entsteht ein neues Rechteck vom Inhalt 96 cm². Wie lang sind die Seiten des ursprünglichen Rechtecks?

Wir stellen die Angaben in einer Tabelle zusammen:

	1. Seite	2. Seite	Flächeninhalt
ursprüngliches Rechteck	x	y	x · y
neues Rechteck	x + 4	y − 1	(x + 4) (y − 1)

Also gilt:

I $\quad x \cdot y = 72$
II $\quad (x + 4)(y - 1) = 96$.

Aus I erhältst du

$y = \dfrac{72}{x}$.

Dies setzt du in II ein:

$(x + 4)\left(\dfrac{72}{x} - 1\right) = 96$.

Hieraus ergibt sich die Gleichung

$x^2 + 28x - 288 = 0$

mit den Lösungen $x_1 = 8$ und $x_2 = -36$; $y_1 = 9$ und $y_2 = -2$.
Der zweite Wert ist unbrauchbar, da er geometrisch keinen Sinn hat.
Ergebnis: Die eine Seite des ursprünglichen Rechtecks ist 8 cm, die andere 9 cm lang.

Herr A bekommt aus einem Kapital jährlich 36 DM Zinsen.
Herr B hat 120 DM weniger angelegt, aber zu einem um 1,5 % höheren Zinssatz. Er bekommt ebenfalls jährlich 36 DM Zinsen.
Wieviel hat jeder angelegt und zu welchem Zinssatz?

J 7 Die Gleichung

$5x^3 - 9x^2 - 2x = 0$

ist vom dritten Grad. Du kannst auf der linken Seite x ausklammern:

$x(5x^2 - 9x - 2) = 0$.

Hiermit ist gleichwertig

$x = 0 \;\vee\; 5x^2 - 9x - 2 = 0$.

Die erste Lösung ist $x_1 = 0$.

Aus $5x^2 - 9x - 2 = 0$ erhältst du die weiteren Lösungen

$x = \dfrac{9 \pm \sqrt{81 + 40}}{10} = \dfrac{9 \pm 11}{10}$,

$x_2 = 2$; $x_3 = -\dfrac{1}{5}$.

Die Lösungsmenge ist

$\mathbb{L} = \{0;\, 2;\, -\dfrac{1}{5}\}$.

Löse das Gleichungssystem
I $x^2 y + y^2 + 12 x = 36$;   II $2x + y = 6$.

J 8 Aus der „biquadratischen" Gleichung
$x^4 - 8x^2 + 15 = 0$
erhältst du durch die „Substitution"
$x^2 = z$
wegen $z^2 = (x^2)^2 = x^4$ die quadratische Gleichung
$z^2 - 8z + 15 = 0$.
Diese hat die Lösungen
$z_1 = 3$ und $z_2 = 5$.
Ersetzt du wieder z durch x, so ergibt sich:
$x^2 = 3 \lor x^2 = 5$.
Hieraus folgt
$x_1 = \sqrt{3}$; $x_2 = -\sqrt{3}$; $x_3 = \sqrt{5}$; $x_4 = -\sqrt{5}$.
Also ist
$\mathbb{L} = \{\sqrt{3}; -\sqrt{3}; \sqrt{5}; -\sqrt{5}\}$.
Löse
$(5x^2 - 2)^2 = (5 - 11x^2) x^2$.

J 9 Auch die Gleichung
$(4x - 3)(4x + 3) = (3x^2 + 8)^2 - 39$
führt auf eine biquadratische:
$16x^2 - 9 = 9x^4 + 48x^2 + 64 - 39$
$9x^4 + 32x^2 + 34 = 0$
Substitution $x^2 = z$:
$9z^2 + 32z + 34 = 0$.
Die Diskriminante dieser Gleichung ist
$D = 1024 - 1224 < 0$.
Es gibt also keine Lösung der quadratischen Gleichung in z und damit auch keine Lösung der biquadratischen Gleichung in x:
$\mathbb{L} = \emptyset$.

Bestimme die Lösungsmenge von
$(2x^2 - 1)^2 = (3x^2 - 4)(x^2 - 1) + 1$.

J 10 Wenn du in
$(2x^2 + 3x)^2 - 8x^2 - 12x - 5 = 0$
die Klammer ausquadrierst, entsteht eine Gleichung vierten Grades, die du durch Probieren oder näherungsweise graphisch lösen kannst. Wie dies geschieht, wird später gezeigt.
Es ist jedoch möglich, die Gleichung durch eine Substitution zu vereinfachen. Du erkennst dies, wenn du das 2. und 3. Glied zusammenfaßt und -4 ausklammerst:
$(2x^2 + 3x)^2 - 4(2x^2 + 3x) - 5 = 0$.
Die Substitution $2x^2 + 3x = z$ führt dann auf $z^2 - 4z - 5 = 0$.
Die Lösungen dieser Gleichung sind
$z_1 = -1$; $z_2 = 5$.
Damit ergibt sich
$2x^2 + 3x = -1 \quad \lor \quad 2x^2 + 3x = 5$
$2x^2 + 3x + 1 = 0 \quad \lor \quad 2x^2 + 3x - 5 = 0$
$x_1 = -\frac{1}{2}$; $x_2 = -1$; $x_3 = 1$; $x_4 = -2{,}5$.
$\mathbb{L} = \{-\frac{1}{2}; -1; 1; -2{,}5\}$.

Löse durch Substitution
$(3x^2 - 5x)^2 + 3x^2 - 5x - 6 = 0$.

J 11 Es soll das Gleichungssystem
I $\quad 2x^2 + xy = 2$; II $\quad y^2 - 2x^2 = 1$
gelöst werden. I ist in y linear und kann deshalb leicht nach y aufgelöst werden:
III $\quad y = \frac{2}{x} - 2x$.
Setzt man das in II ein, entsteht
$\frac{4}{x^2} - 8 + 4x^2 - 2x^2 = 1$

oder nach Multiplikation mit x^2 und Umstellen
$2x^4 - 9x^2 + 4 = 0$.
Die Substitution $z = x^2$ liefert
$2z^2 - 9z + 4 = 0$
mit den Lösungen $z_1 = 4$, $z_2 = \frac{1}{2}$.
Wegen $z = x^2$ folgt daraus
$x_1 = 2$, $x_2 = -2$, $x_3 = \frac{1}{\sqrt{2}}$, $x_4 = -\frac{1}{\sqrt{2}}$.
III liefert dazu $y_1 = -3$, $y_2 = 3$, $y_3 = 2\sqrt{2} - \frac{2}{\sqrt{2}} = \sqrt{2}$, $y_4 = -\sqrt{2}$.
Also ist $\mathbb{L} = \{(2; -3), (-2; 3), \left(\frac{1}{\sqrt{2}}; \sqrt{2}\right), \left(-\frac{1}{\sqrt{2}}; -\sqrt{2}\right)\}$.

Löse das Gleichungssystem
I $x^2 - 4y^2 = 5$; II $y^2 + xy = 4$.

Übungen zu Programm J

1 Bestimme die Grund- und Lösungsmengen zu

a) $2x = 1 + \frac{21}{x}$;

b) $\frac{2x+1}{2} + \frac{2}{3-2x} = 2$;

c) $\frac{x+3}{x} + \frac{x}{x-2} = 5$;

d) $\frac{5 - 2x + 3x^2}{2x^2 - 3x} - \frac{3x - 5}{2x} = 1$;

e) $9x^3 = 42x^2 - 49x$;

f) $\frac{30x}{x^2-9} - \frac{5x}{x-3} = \frac{x^2}{x+3}$;

g) $(x^2 - 3)^2 - x^2(2x^2 - 7) + 3 = 0$;

h) $(x^2 - 5x - 3)^2 = 2x^2 - 10x + 93$.

2 Löse das Gleichungssystem
I $3x^2 + 2xy + 4y - 5 = 0$; II $3x + y - 2 = 0$.

3 Wie muß k gewählt werden, damit

$x^2 + k^3 = k^2 x - 3 kx$

genau eine Lösung hat?

4 Das Produkt zweier Zahlen, die sich um 15 unterscheiden, ist 756. Wie heißen die Zahlen?

5 Verkürzt man die Seiten eines Rechtecks vom Inhalt 24 cm^2 um 2 cm, so nimmt sein Flächeninhalt um 16 cm^2 ab. Wie lang sind die Seiten des Rechtecks?

6 Verlängert man die Kanten eines Würfels um 2 cm, so nimmt der Rauminhalt um 386 cm^3 zu. Wie lang sind die Kanten?

7 Ein Schleppkahn braucht flußaufwärts zu einer 90 km langen Strecke eineinhalb Stunden mehr als flußabwärts. Die Strömungsgeschwindigkeit des Wassers ist 5 km/h. Wie groß ist die Eigengeschwindigkeit des Schleppkahns (Geschwindigkeit gegenüber dem Wasser)? Wie lange braucht der Schleppkahn flußabwärts?

8 Löse das Gleichungssystem

I $x^2 - xy = 4$;   II $xy - y^2 = 3$.

K Wurzelgleichungen

K 1 Gleichungen, in denen die Variable unter einer Wurzel vorkommt, heißen „Wurzelgleichungen".
Da eine Quadratwurzel nur dann existiert, wenn der Radikand nicht negativ ist, dürfen für die Variable in einer Wurzelgleichung im allgemeinen nicht alle Zahlen eingesetzt werden. So sind in der Wurzelgleichung

$\sqrt{x} = 5$

für x die negativen Zahlen auszuschließen.
Die Grundmenge ist

$G = \{x \mid x \geq 0\}$.

Die Lösung der Gleichung ist $x = 25$.
Man findet sie nach dem Satz:

> Sind zwei Zahlen gleich, so sind auch ihre Quadrate gleich.
> $a = b \Rightarrow a^2 = b^2$.

$\sqrt{x} = 5 \Rightarrow (\sqrt{x})^2 = 5^2 \Rightarrow x = 25$.

Bestimme Grundmenge und Lösungsmenge von

$\sqrt{-2x} = 3$.

K 2 In der Wurzelgleichung

$\sqrt{2x - 3} = 4$

muß $2x - 3 \geq 0$, also $x \geq \frac{3}{2}$

sein. Die Grundmenge ist

$G = \{x \mid x \geq \frac{3}{2}\}$.

Durch Quadrieren beider Seiten wird die Wurzel beseitigt:

$(\sqrt{2x - 3})^2 = 4^2$
$\quad 2x - 3 = 16$
$\quad\quad\quad 2x = 19$
$\quad\quad\quad\quad x = 9{,}5$.

Dieser Wert liegt in der Grundmenge. Die Probe
$\sqrt{2 \cdot 9{,}5 - 3} = \sqrt{16} = 4$
zeigt, daß $x = 9{,}5$ Lösung der Gleichung ist.
$\mathbb{L} = \{9{,}5\}$.
Wende das Lösungsverfahren auf $\sqrt{2x - 3} = -4$ an.
Mache die Probe!

K 3 Die Wurzelgleichungen
I $\sqrt{2x^2 - x - 6} = x$ und II $\sqrt{2x^2 - x - 6} = -x$
führen durch Quadrieren zu derselben wurzelfreien Gleichung
$$2x^2 - x - 6 = x^2$$
oder III $\quad x^2 - x - 6 = 0$.
Löse Gleichung III. Prüfe, ob die Lösungen von III auch Lösungen von I und von II sind.

K 4 Die Lösungsmenge von I: $\sqrt{2x^2 - x - 6} = x$ ist $\mathbb{L}_1 = \{3\}$.
Die Lösungsmenge von II: $\sqrt{2x^2 - x - 6} = -x$ ist $\mathbb{L}_2 = \{-2\}$.
Die Lösungsmenge von III: $x^2 - x - 6 = 0$ ist $\mathbb{L} = \{3; -2\}$.
$\mathbb{L}_1$ und $\mathbb{L}_2$ sind Teilmengen von $\mathbb{L}$:
$\mathbb{L}_1 \subseteq \mathbb{L}$, $\mathbb{L}_2 \subseteq \mathbb{L}$.
$\mathbb{L}$ ist die Vereinigung von $\mathbb{L}_1$ und $\mathbb{L}_2$.

Bestimme die Lösungsmengen $\mathbb{L}_1$ und $\mathbb{L}_2$ der Gleichungen
I $\sqrt{x^2 - 5x + 7} = 1$ und II $\sqrt{x^2 - 5x + 7} = -1$.
Welche Zusammenhänge bestehen zwischen $\mathbb{L}_1$, $\mathbb{L}_2$ und der Lösungsmenge $\mathbb{L}$ der quadrierten Gleichung?

K 5 Das Quadrieren einer Gleichung kann die Lösungsmenge zwar nicht verkleinern, aber vergrößern.
Eine Umformung, bei der die Lösungsmenge sich nicht ändert, heißt „Äquivalenzumformung".
Das Quadrieren einer Gleichung ist somit keine Äquivalenzumformung. Beachte deshalb:

> Wird eine Gleichung quadriert, so ist stets die Probe zu machen.

Da wir in Wurzelgleichungen die Probe machen müssen, erübrigt sich das Aufsuchen der Grundmenge.

Bestimme die Lösungsmengen der Gleichungen

I $\sqrt{7x+2} = x+2$ und II $\sqrt{7x+2} = -(x+2)$.

Vergleiche wieder $\mathbb{L}_1$ und $\mathbb{L}_2$ mit der Lösungsmenge $\mathbb{L}$ der quadrierten Gleichung.

K 6 Wenn du beide Seiten der Gleichung

$2 - \sqrt{4-3x} = x$

quadrierst, erhältst du

$(2 - \sqrt{4-3x})^2 = x^2$,
$4 - 4\sqrt{4-3x} + 4 - 3x = x^2$.

Die Wurzel ist damit nicht beseitigt. Du mußt die Wurzel vor dem Quadrieren alleinstellen oder „isolieren":

$2 - x = \sqrt{4-3x}$
$(2-x)^2 = (\sqrt{4-3x})^2$
$4 - 4x + x^2 = 4 - 3x$
$x^2 - x = 0$
$x(x-1) = 0$
$x_1 = 0 \ ; \ x_2 = 1$.

Probe für 0: $2 - \sqrt{4-0} = 0 \Rightarrow 2 - 2 = 0$ ist richtig.
Probe für 1: $2 - \sqrt{4-3} = 1 \Rightarrow 2 - 1 = 1$ ist richtig.

Die Lösungsmenge ist $\mathbb{L} = \{0; 1\}$.

Bestimme die Lösungsmenge der Wurzelgleichung

$4 = \sqrt{5x^2 + 2x - 3} + 2x$.

K 7 Ein weiteres Beispiel:

$x + 2\sqrt{3x+1} = 7 - 2x$
$2\sqrt{3x+1} = 7 - 3x$
$(2\sqrt{3x+1})^2 = (7 - 3x)^2$
$4(3x+1) = 49 - 42x + 9x^2$
$12x + 4 = 49 - 42x + 9x^2$
$x^2 - 6x + 5 = 0$
$x_1 = 5 \ ; \ x_2 = 1$.

Probe für $x_1 = 5$: $5 + 2\sqrt{15 + 1} = 7 - 10$
$ 5 + 8 = -3$ ist falsch.
Probe für $x_2 = 1$: $1 + 2\sqrt{3 + 1} = 7 - 2$
$ 1 + 4 = 5$ ist richtig.
$\mathbb{L} = \{1\}$.

Bestimme die Lösungsmenge von
$8 + x + 3\sqrt{16 + 4x - x^2} = 0$.

K 8   In
$$x - \sqrt{2x + 3} = \sqrt{8x + 12} - 6$$
treten zwei Wurzeln auf. Die zweite Wurzel kannst du teilweise ziehen:
$$x - \sqrt{2x + 3} = 2\sqrt{2x + 3} - 6.$$
Da die beiden Wurzeln nun gleich sind, fassen wir sie zusammen:
$$x + 6 = 3\sqrt{2x + 3}.$$
Weiter wie bisher:
$x^2 + 12x + 36 = 9(2x + 3)$
$x^2 - 6x + 9 = 0$
$ x = 3$.
Probe: $3 - \sqrt{6 + 3} = \sqrt{24 + 12} - 6$
$ 3 - 3 = 6 - 6$ ist richtig.
Die Lösungsmenge ist $\mathbb{L} = \{3\}$.

Löse
$$\sqrt{x + 8} + \frac{12}{\sqrt{x + 8}} = 7,$$
indem du die Gleichung zunächst mit $\sqrt{x + 8}$ multiplizierst.

K 9   Zur Lösung von
$$\sqrt{x + 8} + \frac{12}{\sqrt{x + 8}} = 7$$
bietet sich noch ein anderer Weg an. Du substituierst
$$\sqrt{x + 8} = z$$

und erhältst z aus der Gleichung

$z + \dfrac{12}{z} = 7$:

$z^2 - 7z + 12 = 0$

$z_1 = 4$; $z_2 = 3$.

Also gilt:

$\sqrt{x + 8} = 4$ ∨ $\sqrt{x + 8} = 3$

$x + 8 = 16$ ∨ $x + 8 = 9$

$x_1 = 8$, $\quad x_2 = 1$.

Die Probe zeigt:

$\mathbb{L} = \{8; 1\}$.

Löse $\quad \sqrt{x^2 + 5} = \dfrac{24}{\sqrt{x^2 + 5}} - 5 \quad$ durch Substitution.

K 10 Um in

$\sqrt{3x^2 - 2x - 1} + \sqrt{2x^2 + 3x - 5} = 0$

beide Wurzeln zu beseitigen, trennst du die Wurzeln und quadrierst dann:

$\sqrt{3x^2 - 2x - 1} = -\sqrt{2x^2 + 3x - 5}$,

$3x^2 - 2x - 1 = 2x^2 + 3x - 5$.

Die weitere Umformung ergibt:

$x^2 - 5x + 4 = 0$,

$x_1 = 1$; $x_2 = 4$.

Probe für $x_1 = 1$: $\qquad\qquad$ Probe für $x_2 = 4$:

$\sqrt{3 - 2 - 1} + \sqrt{2 + 3 - 5} = 0 \qquad \sqrt{48 - 8 - 1} + \sqrt{32 + 12 - 5} = 0$

$\quad 0 + \quad 0 \quad\quad = 0 \qquad\qquad \sqrt{39} \quad\quad + \sqrt{39} \quad\quad = 0$

ist richtig. $\qquad\qquad\qquad\qquad$ ist falsch.

Die Lösungsmenge ist

$\mathbb{L} = \{1\}$.

Wie kannst du ohne Rechnung erkennen, daß die Gleichung

$\sqrt{2x^2 - 3x + 5} + \sqrt{3x^2 + 9} = 0$

keine Lösung hat?

K 11 Die Summe der Wurzeln aus zwei Zahlen, die sich um 6 unterscheiden, ist 6. Wie heißen die Zahlen?

Nennen wir die kleinere Zahl x, so ist die größere x + 6.

Es gilt damit

$$\sqrt{x} + \sqrt{x+6} = 6.$$

Hier ist es nicht möglich, beide Wurzeln in einem Schritt zu beseitigen. Wir quadrieren die Gleichung:

$$(\sqrt{x} + \sqrt{x+6})^2 = 36,$$
$$x + 2\sqrt{x} \cdot \sqrt{x+6} + x + 6 = 36,$$

isolieren die Wurzel und teilen durch 2:

$$\sqrt{x(x+6)} = 15 - x.$$

Nun müssen wir nochmals quadrieren:

$$x^2 + 6x = 225 - 30x + x^2,$$
$$36x = 225,$$
$$x = 6\tfrac{1}{4}.$$

Probe: $\sqrt{6\tfrac{1}{4}} + \sqrt{12\tfrac{1}{4}} = 6$

$\tfrac{5}{2} + \tfrac{7}{2} = 6$ ist richtig.

Ergebnis: Die gesuchten Zahlen sind $6\tfrac{1}{4}$ und $12\tfrac{1}{4}$.

Löse die Gleichung

$$\sqrt{x} + \sqrt{x+6} = 6$$

nochmals, indem du zuerst eine Wurzel isolierst.

K 12 In

$$7 - 8\sqrt{x^2 - 2x - 2} = x^2 - 2x - 4$$

läßt sich die rechte Seite so schreiben:

$$7 - 8\sqrt{x^2 - 2x - 2} = (x^2 - 2x - 2) - 2.$$

Der Term $x^2 - 2x - 2$ kommt nun zweimal vor.
Durch die Substitution

$$\sqrt{x^2 - 2x - 2} = z$$

erhältst du die quadratische Gleichung

$$7 - 8z = z^2 - 2.$$

Diese hat die Lösungen
$z_1 = 1$; $z_2 = -9$.
Hiermit ergibt sich:
$\sqrt{x^2 - 2x - 2} = 1 \lor \sqrt{x^2 - 2x - 2} = -9$.
Die zweite Gleichung hat keine Lösung, da eine Wurzel nicht negativ sein kann. Aus der ersten Gleichung folgt
$x^2 - 2x - 2 = 1$,
$x^2 - 2x - 3 = 0$,
$x_1 = 3$; $x_2 = -1$.
Die Probe zeigt, daß $\mathbb{L} = \{3; -1\}$ die Lösungsmenge ist.
Löse
$2\sqrt{2x^2 + 3x - 1} = 2x^2 + 3x - 4$.

Übungen zu Programm K

1 Weshalb hat $\sqrt{2x - 5} + 3 = 0$ keine Lösung?

2 Löse

a) $\sqrt{3x} - 9 = 0$;
b) $2x + \sqrt{x^2 + 4x - 5} - 2 = 0$;
c) $\sqrt{x^2 - 3x} = \dfrac{10}{\sqrt{x^2 - 3x}} - 3$;
d) $\sqrt{x^2 - 6x + 2} - \sqrt{x - 4} = 0$.

3 Löse

a) $2\sqrt{x + 4} - \sqrt{4x - 11} = 3$;
b) $\sqrt{2x - 3} + \sqrt{x + 3} = \sqrt{5x + 6}$;
c) $\sqrt{2x + 1} + \sqrt{7 - 6x} = 2$;
d) $\sqrt{5x - 1} - 2\sqrt{3 - x} + \sqrt{x - 1} = 0$.

4 Die Summe zweier Zahlen ist 65. Die Differenz ihrer Wurzeln ist 3. Bestimme die beiden Zahlen.

5 Löse
a) $2\sqrt{3x+7} - \sqrt{5x-14} = \sqrt{2x+11}$;
b) $\sqrt{6-5x} + 2\sqrt{2(9-x)} = 3\sqrt{3(4-x)}$;
c) $\sqrt{7x+8} - 2\sqrt{x-15} = \sqrt{x+18}$.

6 Löse die Gleichung $x^2 - 5x + 6 = 6\sqrt{x^2 - 5x + 1}$.

Prüfe wieder deinen Lernerfolg. Löse zunächst die Testaufgaben und schlage dann erst die Lösungen auf.

Test III

Aufgabe H
Löse durch quadratische Ergänzung
$2x^2 - 9x + 10 = 0$.

Aufgabe I
Für welche Werte von a hat
$ax^2 - 2ax + 3x + a - 2 = 0$
a) zwei verschiedene Lösungen,
b) eine Lösung,
c) keine Lösung?
Gib für die Fälle a) und b) die Lösungen an.

Aufgabe J
Jemand durchläuft 300 m in einer gewissen Zeit. Hätte er pro Sekunde durchschnittlich 0,5 m mehr zurückgelegt, so hätte er 2,5 Sekunden weniger benötigt.
Mit welcher Geschwindigkeit ist er gelaufen und wie lange hat er gebraucht?

Aufgabe K
Löse die Gleichung
$\sqrt{9-x} + 2\sqrt{x+1} - 5 = 0$.

Die Lösungen findest du auf Seite 133.
Hast du die Testaufgaben richtig beantwortet? — Wenn ja, mache weiter mit Programm L oder, wenn du das Buch zur Wiederholung verwendest, mit Test IV auf Seite 90.

IV. Teil: Graphische Lösungsmethoden

Graphische Verfahren lösen Gleichungen zwar nur näherungsweise, haben aber gegenüber rechnerischen Verfahren zwei Vorteile:
- Sie geben einen raschen Überblick über die Lösungen von Gleichungen und Ungleichungen.

- Sie sind auch anwendbar auf Gleichungen höheren Grades, bei denen rechnerische Methoden umständlich werden oder ganz versagen.

L Graphische Lösung quadratischer Gleichungen

L 1 Jedem Wert einer Variablen x wird durch die Gleichung

$y = x^2$

ein Wert der Variablen y zugeordnet. So gehört zu $x = -3$ der Wert $y = (-3)^2 = 9$.

Wir schreiben einige solcher Zuordnungen in einer „Wertetabelle" auf:

x	0	1	2	3	−1	−2	−3	0,5	1,5	2,5	−0,5	−1,5	−2,5
y	0	1	4	9	1	4	9	0,25	2,25	6,25	0,25	2,25	6,25

Jedes Zahlenpaar (x; y) stellen wir graphisch in einem rechtwinkligen Koordinatensystem durch einen Punkt P(x; y) dar. Die Gesamtheit aller Punkte P(x; y), für die $y = x^2$ gilt, ist der „Graph" zu $y = x^2$. Du erhältst ihn für den Bereich $-3 \leq x \leq 3$, wenn du die nach der Wertetabelle gezeichneten Punkte durch eine möglichst glatte Kurve verbindest.

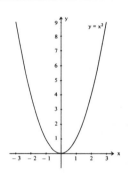

Zeichne den Graphen zu $y = \frac{1}{2}x^2 - 2$ für $-3 \leq x \leq 3$.

L 2 Auch durch die Gleichung

$y = \frac{2}{3}x - 2$

ist jedem Wert der Variablen x eindeutig ein Wert der Variablen y zugeordnet. Immer dann, wenn eine solche eindeutige Zuordnung vorliegt, sagen wir:

„y ist eine Funktion von x",

abgekürzt: $y = f(x)$. Wir lesen das: „y ist gleich f von x".

Die Zuordnung oder Funktion schreibt man:

$x \rightarrow y = f(x) = \frac{2}{3}x - 2$.

Wir lassen jedoch den Zuordnungspfeil der Einfachheit halber weg.
Für die Funktion
$y = f(x) = \frac{2}{3}x - 2$
findest du die Wertetabelle:

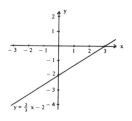

x	-3	-2	-1	0	1	2	3
y	-4	$-3\frac{1}{3}$	$-2\frac{2}{3}$	-2	$-1\frac{1}{3}$	$-\frac{2}{3}$	0

Es ergibt sich eine Gerade.

> Funktionen der Form
> $f(x) = ax + b$
> heißen lineare Funktionen. Der Graph einer linearen Funktion ist stets eine Gerade.

Zeichne den Graphen der Funktion $f(x) = 3 - 2x$ im Bereich $-2 \leq x \leq 4$.

L 3
> Funktionen der Form
> $f(x) = ax^2 + bx + c \quad (a \neq 0)$
> heißen „quadratische Funktionen" oder „Funktionen zweiten Grades". Ihre Graphen heißen Parabeln.

Ein Beispiel:
$f(x) = \frac{1}{2}x^2 - x - 4$.

f(3) bedeutet einen speziellen „Funktionswert". Du erhältst ihn, wenn du in
$\frac{1}{2}x^2 - x - 4$
die Variable x durch 3 ersetzt. Also:
$f(3) = \frac{1}{2} \cdot 3^2 - 3 - 4 = -2\frac{1}{2}$
und ebenso
$f(-3) = \frac{1}{2} \cdot (-3)^2 - (-3) - 4 = 3\frac{1}{2}$.

Berechne

f(2) ; b) f(0) ; c) f($-\frac{2}{3}$).

L 4 Wir zeichnen den Graphen zu

$y = \frac{1}{2} x^2 - x - 4$

nach der Wertetabelle:

x	-3	-2	-1	0	1	2	3	4	5
y	$3\frac{1}{2}$	0	$-2\frac{1}{2}$	-4	$-4\frac{1}{2}$	-4	$-2\frac{1}{2}$	0	$3\frac{1}{2}$

Für $x_1 = -2$ und $x_2 = 4$ ist $y = 0$.
-2 und 4 sind also Lösungen der Gleichung

$\frac{1}{2} x^2 - x - 4 = 0$.

Sie entsprechen den Schnittpunkten der Parabel $y = \frac{1}{2} x^2 - x - 4$
mit der x-Achse.

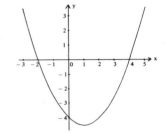

Löse näherungsweise die Gleichung

$1,5 x^2 + 4 x - 2 = 0$,

indem du die Schnittpunkte der Parabel

$y = 1,5 x^2 + 4 x - 2$

mit der x-Achse bestimmst.
Berechne anschließend die Lösungen der Gleichung.

L 5 Die Lösungen der Gleichung $f(x) = 0$ heißen auch die „Nullstellen" von f(x).
Wir ermitteln graphisch die Nullstellen der Funktion

$y = f(x) = \frac{1}{2} x^2 - 3 x + 4\frac{1}{2}$,

d.h. die Lösungen der Gleichung

$\frac{1}{2} x^2 - 3 x + 4\frac{1}{2} = 0$.

Wertetabelle:

x	0	1	2	3	4	5	6
y	$4\frac{1}{2}$	2	$\frac{1}{2}$	0	$\frac{1}{2}$	2	$4\frac{1}{2}$

Die Parabel berührt die x-Achse bei x = 3.
Die Funktion hat also nur die eine Nullstelle x = 3. Wir prüfen dies, indem wir die Diskriminante der Gleichung
$\frac{1}{2} x^2 - 3x + 4\frac{1}{2} = 0$
berechnen:
$D = 9 - 4 \cdot \frac{1}{2} \cdot 4\frac{1}{2} = 0$.

D = 0 bedeutet: Die Gleichung hat nur eine Lösung. Die Parabel berührt die x-Achse.

Bestimme graphisch die Lösungsmenge der Gleichung
$2x^2 - 5x + 4 = 0$.
Kontrolliere dein Ergebnis durch Rechnung.

L 6 Wir halten fest:

> Die Nullstellen einer Funktion y = f(x),
> die Lösungen der Gleichung f(x) = 0 und
> die x-Koordinaten der Schnittpunkte des Graphen zu
> y = f(x) mit der x-Achse stimmen überein.

Hieraus ergibt sich für eine quadratische Funktion folgende Übersicht:

Gleichung $ax^2 + bx + c = 0$ hat	Diskriminante $D = b^2 - 4ac$ ist	Parabel $y = ax^2 + bx + c$
2 verschiedene Lösungen	> 0	schneidet die x-Achse in 2 verschiedenen Punkten
1 (Doppel)-Lösung	= 0	berührt die x-Achse in einem Punkt
keine Lösung	< 0	trifft die x-Achse nicht

Eine Parabel schneidet die x-Achse also in höchstens zwei Punkten.
Schneidet die Parabel $y = 2x^2 + 3x + 5$ die x-Achse?

L 7 In allen bisherigen Beispielen war der Koeffizient von x^2 positiv und die Parabel nach oben geöffnet.

Ist der Koeffizient negativ, öffnet sich die Parabel nach unten. Überzeuge dich davon an folgenden Beispielen:

a) $y = -\frac{1}{3} x^2 - x + 6$;   b) $y = -x^2 + 2x + 3$.

L 8 Graphisch lassen sich auch Gleichungen höheren Grades lösen. Zu

$x^3 - 2{,}5 x^2 - 4x + 3 = 0$

zeichnen wir den Graphen der Funktion

$y = f(x) = x^3 - 2{,}5 x^2 - 4x + 3$

nach der Wertetabelle:

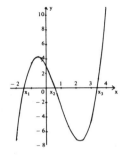

x	−2	−1	0	1	2	3	4
y	−7	3,5	3	−2,5	−7	−4,5	11

Bei der Zeichnung wählen wir auf der y-Achse einen kleineren Maßstab als auf der x-Achse.
Als Näherungslösungen liest du ab:
$x = -1{,}5$; $x = 0{,}6$; $x = 3{,}4$.

Mache für die drei Werte die Probe.

L 9 Bisher mußtest du für jede quadratische Gleichung eine neue Parabel zeichnen. Dies läßt sich vermeiden. Du dividierst die Gleichung

$3x^2 - 2x - 6 = 0$

zunächst durch 3:

$x^2 - \frac{2}{3} x - 2 = 0$.

Dann stellst du um:

$x^2 = \frac{2}{3} x + 2$.

Nun zeichnest du die „Normalparabel" $y = x^2$ und die Gerade

$y = \frac{2}{3} x + 2$.

In den Schnittpunkten haben
beide Funktionen denselben Wert.
Dort ist also

$x^2 = \frac{2}{3} x + 2$.

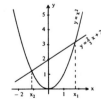

Du entnimmst der Zeichnung
$x_1 \approx 1{,}8$; $x_2 \approx -1{,}2$.
Für die Lösung einer anderen quadratischen Gleichung schneidest du die Normalparabel mit einer anderen Geraden.
Löse nach der gleichen Methode
a) $x^2 - x + 2 = 0$;   b) $4x^2 - 7x - 6 = 0$;   c) $4x^2 + 12x + 9 = 0$
in einer Zeichnung.
Kontrolliere die Ergebnisse durch Rechnung.

Übungen zu Programm L

1 Bestimme für
   a) $f(x) = 2x^3 - 5x + 3$;   b) $f(x) = \sqrt{3x^2 - 6x + 16}$
   die Funktionswerte $f(0)$, $f(-1)$ und $f(3)$.

2 Zeichne die Graphen von
   a) $y = \frac{1}{2}x^2 + 2x + 3$;   b) $y = 1 - 2x - \frac{1}{3}x^2$;
   c) $y = \frac{1}{2}x^3 - \frac{1}{2}x^2 - 3x + 2$.
   Wo schneiden sie die x-Achse?

3 Löse graphisch
   $x^3 - 4x^2 - 2x + 8 = 0$.

4 Löse mit der Normalparabel in einer einzigen Zeichnung:
   a) $5x^2 - 3x - 8 = 0$;   b) $x^2 + 2x + 3 = 0$;   c) $8 - 5x - 4x^2 = 0$.

M Quadratische Ungleichungen

M 1 Wir suchen die Lösungsmenge der quadratischen Ungleichung
$x^2 - 7x + 10 < 0$.

Setzt man 3 bzw. 1 ein, erhält man:

$9 - 21 + 10 < 0$ ist richtig ; $1 - 7 + 10 < 0$ ist falsch.

3 ist Lösung der Ungleichung, 1 dagegen nicht.
Die vollständige Lösungsmenge können wir am Graphen der Parabel

$y = x^2 - 7x + 10$

ablesen. Zwischen 2 und 5 ist y negativ.
Also ist

$\mathbb{L} = \{x \mid 2 < x < 5\}$.

Löse graphisch
$6 + x - x^2 > 0$.

M 2 Ein zweites Beispiel:
$4 - x - \frac{1}{2} x^2 < 0$.

Du zeichnest die Parabel
$y = 4 - x - \frac{1}{2} x^2$.

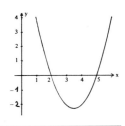

$x_1 = -4$ und $x_2 = 2$ sind die Nullstellen der Funktion. Links von -4 und rechts von 2 ist y negativ. Also ist die Ungleichung erfüllt, wenn $x < -4 \lor x > 2$ ist.

Die Lösungsmenge ist

$\mathbb{L} = \{x \mid x < -4 \lor x > 2\}$.

Bestimme graphisch die Lösungsmenge von $x^2 - x + 1 < 0$.

M 3 Allgemein ergeben sich für die Ungleichung

$ax^2 + bx + c < 0$

folgende Fälle:

1. Fall: Die Parabel

$y = f(x) = ax^2 + bx + c$

trifft die x-Achse nicht.

a) Die Parabel ist nach oben geöffnet. Für keinen Wert von x ist $y < 0$.
Also ist $\mathbb{L} = \emptyset$.

b) Die Parabel ist nach unten geöffnet. Für alle x ist $y < 0$.

$\mathbb{L} = \mathbb{R}$ (Menge der reellen Zahlen).

Löse die Ungleichung $-x^2 - 2 < 0$.

M 4 2. Fall: Die Parabel

$y = ax^2 + bx + c$

berührt die x-Achse bei x_1.

a) Die Parabel ist nach oben geöffnet. Für kein x ist $y = ax^2 + bx + c < 0$ erfüllt.
Es ist $\mathbb{L} = \emptyset$.

b) Die Parabel ist nach unten geöffnet. Für alle x mit Ausnahme von x_1 ist $y < 0$.

$\mathbb{L} = \{x \mid x \neq x_1\}$.

Welche Lösungsmenge hat die Ungleichung

$ax^2 + bx + c \leq 0$

in den Fällen 2. a) und 2. b)?

M 5 3. Fall: Die Parabel

$y = ax^2 + bx + c$

schneidet die x-Achse in zwei verschiedenen Punkten x_1 und x_2.

a) Die Parabel ist nach oben geöffnet. Die Ungleichung $ax^2 + bx + c < 0$ hat die Lösungsmenge

$\mathbb{L} = \{x \mid x_1 < x < x_2\}$.

b) Die Parabel ist nach unten geöffnet.

$\mathbb{L} = \{x \mid x < x_1 \vee x > x_2\}$.

Gib die Lösungsmenge der Ungleichung

$ax^2 + bx + c \geq 0$

an, wenn die Parabel

$y = ax^2 + bx + c$

nach oben geöffnet ist und die x-Achse bei x_1 und x_2 ($x_1 < x_2$) schneidet.

M 6 Wir lösen die Ungleichung

$5 - 3x - 2x^2 < 0$.

Zunächst bestimmen wir die Nullstellen der Funktion

$f(x) = 5 - 3x - 2x^2$.

Diese sind $x_1 = 1$; $x_2 = -2{,}5$.

Nun berechnen wir für irgendeinen Wert zwischen $-2{,}5$ und 1, am einfachsten für $x = 0$ den Funktionswert:

$f(0) = 5 > 0$.

Da $f(x)$ für $x = 0$ positiv ist, gilt dies auch für alle anderen Werte zwischen $-2{,}5$ und 1 (siehe Fall 3. b)).
Für

$x < -2{,}5 \ \lor \ x > 1$

ist $f(x)$ dann negativ.
Die Lösungsmenge ist demnach

$\mathbb{L} = \{x \mid x < -2{,}5 \ \lor \ x > 1\}$.

Prüfe die Richtigkeit dieses Ergebnisses für $x = -5; -3; 2$.

M 7 Ein weiteres Beispiel:

$3x^2 - 2x + 5 \leq 0$.

Du setzt

$f(x) = 3x^2 - 2x + 5$.

Die Diskriminante ist

$D = 4 - 4 \cdot 3 \cdot 5 < 0$.

Die Parabel hat keine Nullstellen, liegt also entweder ganz oberhalb oder ganz unterhalb der x-Achse.
Da $f(0) = 5$ positiv ist, liegt sie oberhalb der x-Achse. Für keinen Wert von x ist somit $f(x) \leq 0$.

Die Lösungsmenge ist die leere Menge:
$\mathbb{L} = \emptyset$.

Löse

a) $1 - 3x - 4x^2 > 0$;   b) $\frac{1}{3}x^2 - 2x + 3 \leq 0$;   c) $3x^2 + 4x + 5 > 0$.

M 8 Eine Anwendung:
Für welche Werte des Parameters a hat die Gleichung

$2x^2 + ax + a + 6 = 0$

zwei verschiedene Lösungen?
Zwei verschiedene Lösungen ergeben sich, wenn

$D = a^2 - 4 \cdot 2(a + 6) = a^2 - 8a - 48 > 0$ ist.

Die Nullstellen von D sind

$a_1 = -4$ und $a_2 = 12$.

Für $a = 0$ ist $D = -48 < 0$.

Dann ist $D > 0$ für $a < -4 \lor a > 12$.

Die Gleichung hat somit zwei verschiedene Lösungen, wenn a in der Menge

$\{a \mid a < -4 \lor a > 12\}$

liegt.

Für welche Werte von a hat

$2x^2 + (a - 2)x + a - 4 = 0$

Lösungen? Gib die Lösungen an.

Übungen zu Programm M

1 Die Parabel $y = f(x) = ax^2 + bx + c$ sei nach oben geöffnet.
   a) Wie ist dies an den Koeffizienten zu erkennen?
   b) Welche der folgenden Mengen sind dann als Lösungsmengen der Ungleichung $ax^2 + bx + c \geq 0$ möglich?
   $\emptyset$; $\{x_1\}$; $\{x \mid x_1 \leq x \leq x_2\}$; $\{x \mid x \leq x_1 \lor x \geq x_2\}$; $\mathbb{R}$.

2 Löse

a) $x^2 - 7x - 18 < 0$;   b) $9 - 3x - 2x^2 \leqslant 0$;
c) $3x^2 + 5x + 4 > 0$;   d) $x^2 - 5x + 6{,}25 \leqslant 0$.

3 Löse graphisch $x^3 + 5x^2 - 4x - 20 > 0$.

4 Für welche Werte von k hat $kx^2 - (k-2)x + k = 0$ $(k \neq 0)$
keine Lösungen?

Es folgt wieder ein Test. Löse wie stets erst die Aufgaben; danach schlägst du die Lösungen auf.

Test IV

Aufgabe L
a) Bestimme graphisch Näherungswerte der Nullstellen von

$$f(x) = \tfrac{2}{3}x^2 - 4x + 3.$$

b) Die Gleichung

$$x^2 - 8x + 16 = 0$$

hat nur eine Lösung. Was folgt daraus für die Lage der Parabel

$$y = x^2 - 8x + 16?$$

Aufgabe M
Ermittle die Lösungsmenge der Ungleichung

$$12x^2 + 7x - 12 \geqslant 0.$$

Die Lösungen findest du auf Seite 138.
Wenn du alle Testaufgaben richtig gelöst hast, gehst du weiter zu Programm N oder, wenn du das Buch zur Wiederholung verwendest, zu Test V auf Seite 109.
Konntest du dagegen die Aufgaben nicht oder nur fehlerhaft lösen, solltest du erst die vorhergehenden Programme und Übungen wiederholen und zwar:
Programm L, wenn du Aufgabe L,
Programm M, wenn du Aufgabe M
nicht lösen konntest.

V. Teil: Produktdarstellungen

Produktdarstellungen wurden bereits bei der Bestimmung des Hauptnenners mehrerer Brüche benutzt. Auch vor dem Kürzen von Brüchen bringt man Zähler und Nenner in Produktform. In diesem Abschnitt lernst du, wie man quadratische Terme $ax^2 + bx + c$ als Produkt schreibt. Diese Produktdarstellungen lassen Zusammenhänge zwischen den Koeffizienten einer Gleichung und deren Lösungen erkennen. Produktdarstellungen helfen auch beim Lösen von Gleichungen höheren als zweiten Grades.

N Produktdarstellungen quadratischer Terme

N 1 Wir suchen einen Term in x, der

$x_1 = -2$ und $x_2 = 3$

als Nullstellen hat.
Nach der Regel: „Ein Produkt ist Null, wenn ein Faktor Null ist" hat

$(x + 2)(x - 3)$

die vorgegebenen Nullstellen. Durch Ausmultiplizieren ergibt sich

$x^2 - x - 6$,

also ein quadratischer Term. Außer ihm haben auch alle Terme

$a(x + 2)(x - 3) = a(x^2 - x - 6) = ax^2 - ax - 6a$

die Nullstellen -2 und 3.

Löse

$ax^2 - ax - 6a = 0$ für $a \neq 0$

mit der Lösungsformel.

N 2 Suchst du umgekehrt zu dem Term

$3x^2 + 5x - 12$

eine Produktdarstellung, so bestimmst du erst seine Nullstellen:

$x_1 = \frac{4}{3}$; $x_2 = -3$.

Die Terme

$a(x - \frac{4}{3})(x + 3)$

haben dieselben Nullstellen wie $3x^2 + 5x - 12$.
Nun bestimmst du a so, daß sich beim Ausmultiplizieren bei x^2 der Koeffizient 3 ergibt. Du setzt also a = 3. Damit lautet die Produktdarstellung

$3(x - \frac{4}{3})(x + 3)$

oder

$(3x - 4)(x + 3)$.

Zeige, daß diese Produktdarstellung mit $3x^2 + 5x - 12$ nicht nur in den Nullstellen, sondern für alle x übereinstimmt, indem du die Klammern ausmultiplizierst.

N 3 Allgemein gilt:

> Hat die Gleichung
> $ax^2 + bx + c = 0$
> die Lösungen x_1 und x_2, so gilt für alle x
> $ax^2 + bx + c = a(x - x_1)(x - x_2)$.

Beweise diesen Satz, indem du die rechte Seite ausmultiplizierst und

$$x_1 = \frac{-b + \sqrt{D}}{2a} \; ; \; x_2 = \frac{-b - \sqrt{D}}{2a}$$

mit $D = b^2 - 4ac \; (\geqslant 0)$ einsetzt.

N 4 $f(x) = 6x^2 - x - 15$

soll in ein Produkt zweier Faktoren zerlegt werden.
Die Nullstellen von f(x) sind

$x_1 = -\frac{3}{2} \; ; \; x_2 = \frac{5}{3}$.

Damit ist

$f(x) = 6(x + \frac{3}{2})(x - \frac{5}{3}) = 2(x + \frac{3}{2}) \cdot 3(x - \frac{5}{3}) = (2x + 3)(3x - 5)$.

Faktoren der Form $ax + b$ heißen „Linearfaktoren". Die Produktdarstellung $(2x + 3)(3x - 5)$ nennt man eine „Linearfaktorzerlegung" von $6x^2 - x - 15$.

Zerlege

$12x^2 - 31x - 15$

in Linearfaktoren.

N 5 Der Term

$x^2 - 6x + 9$

hat die Linearfaktorzerlegung

$(x - 3)(x - 3) = (x - 3)^2$.

Der Faktor $x - 3$ tritt doppelt auf. Auch aus diesem Grund ist es sinnvoll, $x = 3$ als eine Doppellösung der Gleichung $x^2 - 6x + 9 = 0$ zu bezeichnen.

Bestimme a so, daß

$3x^2 + (a + 9)x + 4a = 0$

eine Doppellösung hat und gib dann die Faktorzerlegung der linken Seite an.

N 6 Bei dem Term

$x^2 + 3x + 8$

ist die Diskriminante

$D = 9 - 4 \cdot 8$

negativ. Er hat keine Nullstellen und deshalb auch keine Linearfaktordarstellung.

Haben die folgenden Terme eine Linearfaktorzerlegung?

a) $6x^2 - 7x - 24$;   b) $x^2 + 1$;   c) $2x^2 + 5x + 7$;
d) $x^2 + 12x + 36$.

N 7 Nach N 3 ergibt sich:

> Sind x_1 und x_2 Lösungen von
> $x^2 + px + q = 0$,
> so ist
> $x^2 + px + q = (x - x_1)(x - x_2)$.

Durch Ausmultiplizieren der rechten Seite folgt:

$x^2 + px + q = x^2 - x_1 \cdot x - x_2 \cdot x + x_1 \cdot x_2$
$px + q = -(x_1 + x_2)x + x_1 \cdot x_2$.

Diese Gleichung gilt für jeden Wert der Variablen x, also auch für $x = 0$. Für $x = 0$ erhältst du

$q = x_1 \cdot x_2$.

Für $x = 1$ ergibt sich dann weiter

$p + x_1 \cdot x_2 = -(x_1 + x_2) + x_1 \cdot x_2$,
also
$p = -(x_1 + x_2)$.

Hieraus folgt der „Satz von Vieta":

> Sind x_1 und x_2 die Lösungen von
> $x^2 + px + q = 0$,
> so ist
> $p = -(x_1 + x_2)$ und $q = x_1 \cdot x_2$.

Wie groß ist hiernach in
$x^2 - 5x + 6 = 0$
a) die Summe $x_1 + x_2$ der beiden Lösungen,
b) das Produkt $x_1 \cdot x_2$ der beiden Lösungen?
c) Errate mit Hilfe von a) und b) die beiden Lösungen.

N 8 Auch die Lösungen von
$x^2 + 3x - 10 = 0$
kannst du nach dem Satz von Vieta erraten.
Es ist:
$x_1 \cdot x_2 = q = -10$; $x_1 + x_2 = -p = -3$.
Aus der ersten Gleichung folgt, daß eine Lösung positiv, die andere negativ ist. Da die Summe -3 ist, muß der Betrag der negativen Lösung um 3 größer sein als die positive Lösung. Die Lösungen
$x_1 = 2$; $x_2 = -5$
lassen sich damit erraten.

Welche Vorzeichen haben die Lösungen von
$x^2 + 9x + 8 = 0$?
Errate die Lösungen und mache die Probe.

N 9 Kennst du in der Gleichung
$x^2 + 4x + q = 0$
eine Lösung $x_1 = -7$, so findest du die zweite nach Vieta:
$x_1 + x_2 = -4$
$x_2 = -4 - x_1 = -4 + 7 = 3$.
Für q erhältst du
$q = x_1 \cdot x_2 = (-7) \cdot 3 = -21$.

$x_1 = 4$ sei eine Lösung von $x^2 + px - 36 = 0$.
Bestimme x_2 und p

a) nach Vieta,
b) indem du zunächst p durch die Probe für $x_1 = 4$ bestimmst und dann die Gleichung löst.

N 10 In der Gleichung
$$x^2 + px + 48 = 0$$
soll p so bestimmt werden, daß die Lösungen sich um 8 unterscheiden. Ist x_1 die kleinere der beiden Lösungen, so ist $x_2 = x_1 + 8$. Nach Vieta ist dann
$$x_1 \cdot x_2 = x_1 \cdot (x_1 + 8) = 48,$$
$$x_1^2 + 8x_1 - 48 = 0.$$
Diese Gleichung hat die Lösungen $x_1 = 4$ und $x_1' = -12$.
Daraus ergibt sich
$$x_2 = 4 + 8 = 12 \text{ bzw. } x_2' = -12 + 8 = -4$$
und
$$p = -(x_1 + x_2) = -16 \text{ bzw. } p' = -(x_1' + x_2') = 16.$$
Die Gleichung lautet somit
$$x^2 - 16x + 48 = 0 \text{ bzw. } x^2 + 16x + 48 = 0.$$

Bestimme q so, daß eine Lösung von $x^2 - 6x + q = 0$ dreimal so groß ist wie die andere.

N 11 Der Bruch
$$\frac{15x^2 + x - 6}{3x^2 - 7x - 6}$$
soll gekürzt werden.
Du bestimmst die Produktdarstellung von Zähler und Nenner. Die Nullstellen des Zählers sind $\frac{3}{5}$ und $-\frac{2}{3}$. Also ist der Zähler gleich
$$15(x - \tfrac{3}{5})(x + \tfrac{2}{3}) = (5x - 3)(3x + 2).$$
Die Nullstellen des Nenners sind 3 und $-\frac{2}{3}$. Also ist der Nenner gleich
$$3(x - 3)(x + \tfrac{2}{3}) = (x - 3)(3x + 2).$$
Damit gilt:
$$\frac{15x^2 + x - 6}{3x^2 - 7x - 6} = \frac{(5x - 3)(3x + 2)}{(x - 3)(3x + 2)} = \frac{5x - 3}{x - 3}.$$

Bestimme den Hauptnenner zu:

$$\frac{5}{2x^2 - x - 3} \; ; \quad \frac{21}{10x^2 - 23x + 12} \; ; \quad \frac{-9}{5x^2 + x - 4} \; .$$

Addiere die Brüche.

Übungen zu Programm N

1 Bestimme die Produktdarstellungen von
   a) $x^2 - 7x - 44$; b) $18x^2 + 13x - 21$; c) $90x^2 - 39x - 30$.

2 Kürze, wenn möglich:
   a) $\dfrac{x^2 + 5x - 24}{x^2 - 10x + 21}$; b) $\dfrac{12x^2 - 6x - 18}{4x^2 + 12x + 20}$; c) $\dfrac{9x^2 - 16}{12x^2 + 7x - 12}$.

3 Suche das kleinste gemeinsame Vielfache zu
   a) $2x^2 + 2x - 12$; $x^2 - 3x + 2$; $6x^2 + 12x - 18$;
   b) $4x^2 - 6x$; $6x^2 - 5x - 6$; $4x^2 - 9$.

4 Die Summe zweier Zahlen ist -5, ihr Produkt -204.
   Wie heißen sie?

5 $x_1 = 6$ ist Lösung von $x^2 + px - 18 = 0$.
   Wie groß sind x_2 und p?

6 $x_1 = 2$ ist Lösung von $x^2 + 3x + q = 0$.
   Wie groß sind x_2 und q?

O Division durch einen Linearfaktor

O 1 Von der Richtigkeit einer Division kann man sich durch die Probe überzeugen:

$24 : 6 = 4$; Probe: $4 \cdot 6 = 24$.

Dies geht auch für

$(x^2 - 6x - 16) : (x + 2) = x - 8$;
Probe: $(x - 8) \cdot (x + 2) = x^2 - 6x - 16$.

Es ist

$(2x^2 + 5x - 12) : (x + 4) = 2x + a$.

Bestimme a durch die Probe.

O 2 Bei der Division von 31 durch 7 bleibt ein Rest:

$31 : 7 = 4$ Rest 3.

Hierzu lautet die Probe:

$4 \cdot 7 + 3 = 31$.

Genauso machst du zu

$(3x^2 - 5x + 8) : (x - 3) = 3x + 4$ Rest 20

die Probe:

$(3x + 4) \cdot (x - 3) + 20 = 3x^2 - 9x + 4x - 12 + 20 = 3x^2 - 5x + 8$.

Es ist

$(5x^2 + 3x - 7) : (x + 1) = 5x - 2$ Rest r.

Bestimme den Rest r durch die Probe.

O 3 An dem Beispiel

$(3x + 5) : (x - 2)$

zeigen wir dir, wie du die Division durch einen Linearfaktor ausführst. Du dividierst zunächst die Glieder mit x:

$3x : x = 3$.

Aus dem Ansatz

$(3x + 5) : (x - 2) = 3$ Rest r

erhältst du dann den Rest.
Er ist

$r = (3x + 5) - 3(x - 2) = 3x + 5 - 3x + 6 = 11.$

Also ist

$(3x + 5) : (x - 2) = 3$ Rest 11.

Berechne auf die gleiche Weise

$(5x - 7) : (x + 1).$

O 4 In

$(3x^2 + 2x - 9) : (x - 2)$

dividierst du die Glieder mit den höchsten Potenzen von x:

$3x^2 : x = 3x.$

Zu $3x$ als Ergebnis bestimmst du den Rest:

$(3x^2 + 2x - 9) - 3x(x - 2) = (3x^2 + 2x - 9) - (3x^2 - 6x) =$
$= 8x - 9.$

Dieser erste Teil der Rechnung läßt sich in einem Schema so schreiben:

$(3x^2 + 2x - 9) : (x - 2) = 3x$ Rest $(8x - 9)$
$\underline{3x^2 - 6x}$
$\quad\quad 8x - 9$

Hier stehen die gleichnamigen Glieder, die subtrahiert werden, untereinander, z.B.

$2x - (-6x) = 8x.$

Für den Rest $8x - 9$ können wir die Division durch $x - 2$ noch weiterführen:

$(8x - 9) : (x - 2) = 8$ Rest 7.

Schematisch:

$(8x - 9) : (x - 2) = 8$ Rest 7
$\underline{8x - 16}$
$\quad\quad 7$

Beide Schemata kann man zu einem zusammenfassen:

$(3x^2 + 2x - 9) : (x - 2) = 3x + 8$ Rest 7
$\underline{3x^2 - 6x}$
$\underline{8x - 9}$
$8x - 16$
7

Berechne ebenso

$(x^2 + 3x - 8) : (x + 5)$.

O 5 Ein weiteres Beispiel:

$(2x^3 - 5x^2 + 6x - 3) : (x - 1)$

$2x^3 : x = 2x^2$ ist das erste Glied im Ergebnis. Du subtrahierst $2x^2(x-1) = 2x^3 - 2x^2$ von $2x^3 - 5x^2 + 6x - 3$:

$(2x^3 - 5x^2 + 6x - 3) : (x - 1) = 2x^2 + \ldots$
$\underline{2x^3 - 2x^2}$
$-3x^2 + 6x - 3.$

Den Rest

$-3x^2 + 6x - 3$

dividierst du wieder durch $x - 1$.

Das zweite Glied im Ergebnis ist

$-3x^2 : x = -3x$.

Du subtrahierst

$(-3x) \cdot (x - 1) = -3x^2 + 3x$

von

$-3x^2 + 6x - 3$.

Nach diesem Schritt sieht das Schema so aus:

$(2x^3 - 5x^2 + 6x - 3) : (x - 1) = 2x^2 - 3x + \ldots$
$\underline{2x^3 - 2x^2}$
$-3x^2 + 6x - 3$
$\underline{-3x^2 + 3x}$
$3x - 3.$

Setze die Rechnung fort.

O 6 Bei

$(3x^3 - 2x + 5) : (x - 4)$

ist kein Glied mit x^2 im Dividenden

$3x^3 - 2x + 5$

vorhanden. Du fügst deshalb $0 \cdot x^2$ ein.

$(3x^3 + 0x^2 - 2x + 5) : (x - 4) = 3x^2 + 12x + 46$ Rest 189
$\underline{3x^3 - 12x^2}$
$\qquad 12x^2 - 2x + 5$
$\qquad \underline{12x^2 - 48x}$
$\qquad\qquad 46x + 5$
$\qquad\qquad \underline{46x - 184}$
$\qquad\qquad\qquad 189$

Berechne

$(2x^3 + 5x^2 + 9) : (x + 3)$.

O 7 Terme wie

$3x^3 - 2x + 5$; $x^2 + 3x - 8$; $3x + 5$

heißen „Polynome".

$3x^3 - 2x + 5$

ist ein Polynom dritten Grades. Zur kürzeren Schreibweise verwenden wir das Symbol $p(x)$.

$p_3(x)$ bedeutet ein Polynom dritten Grades. Allgemein hat ein Polynom dritten Grades die Form

$p_3(x) = a_3 x^3 + a_2 x^2 + a_1 x + a_0$.

Schreibe in gleicher Weise die allgemeine Form eines Polynoms $p_4(x)$ auf.

O 8 Ein Linearfaktor ist ein Polynom ersten Grades und hat die allgemeine Form

$p_1(x) = a_1 x + a_0$.

Eine Konstante ist ein Polynom nullten Grades:

$p_0(x) = a_0$.

Schreibe

$p_3(x)$ für $a_3 = -5$; $a_2 = 6$; $a_1 = 0$; $a_0 = -8$

auf. Dividiere dieses Polynom durch $x - 3$.

O 9 Bei der Division eines Polynoms zweiten Grades durch einen Linearfaktor $x - c$ haben wir ein Polynom ersten Grades und einen Rest erhalten, der auch Null sein konnte:

$p_2(x) : (x - c) = p_1(x)$ Rest r

oder in der Form der Probe geschrieben:

$p_2(x) = p_1(x) \cdot (x - c) + r$.

Ebenso gilt für die Division eines Polynoms dritten Grades durch $x - c$:

$p_3(x) : (x - c) = p_2(x)$ Rest r

oder

$p_3(x) = p_2(x) \cdot (x - c) + r$.

Es entsteht also ein Polynom, dessen Grad um 1 niedriger ist.

a) Führe die Division

$p_4(x) : (x - c)$ für $p_4(x) = 2x^4 - 5x^3 + 6x^2 - 8$ und $c = 3$

aus.

b) Schreibe das Ergebnis in allgemeiner Form wie oben auf.

O 10 Allgemein gilt:

> Ist $p_n(x)$ ein Polynom vom Grade n, so gibt es zu jedem Linearfaktor $x - c$ ein Polynom $p_{n-1}(x)$ vom Grade $n - 1$ und eine Konstante r, so daß
>
> $p_n(x) = (x - c) \cdot p_{n-1}(x) + r$
>
> ist.

Setzt du in dieser Gleichung für x den Wert c ein, so ergibt sich:

$p_n(c) = \underbrace{(c - c)}_{0} \cdot p_{n-1}(c) + r$,

also

$p_n(c) = r$.

> Der Rest, der sich bei der Division
> $p_n(x) : (x - c)$
> ergibt, ist
> $r = p_n(c)$.

Welcher Rest bleibt bei der Division
$(5x^3 - 2x^2 + 7x - 8) : (x - 2)$?
Führe die Division durch.

O 11 Ist c eine Nullstelle von $p_n(x)$, so ist
$r = p_n(c) = 0$.

Es gilt somit:

> Ist c eine Nullstelle von $p_n(x)$, so geht die Division
> $p_n(x) : (x - c)$
> ohne Rest auf. Dann ist
> $p_n(x) = (x - c) p_{n-1}(x)$.

In $p_5(x) = x^5 - 1$ kannst du eine Nullstelle ablesen. Stelle $p_5(x)$ in der Form $(x - c) p_4(x)$ dar.

O 12 Wir untersuchen, ob sich der Bruch
$$\frac{x^3 - 7x^2 + 6x + 8}{x^2 - 3x + 2}$$
kürzen läßt. Für den Nenner können wir die Produktdarstellung bestimmen. Sie ist $(x - 1)(x - 2)$. Wenn der Bruch sich kürzen läßt, muß sich der Zähler durch $x - 1$ oder durch $x - 2$ ohne Rest teilen lassen. Das bedeutet aber, daß er 1 oder 2 als Nullstelle haben muß. Die Probe zeigt, daß 2 eine Nullstelle des Zählers ist. Mit
$$(x^3 - 7x^2 + 6x + 8) : (x - 2) = x^2 - 5x - 4$$
ergibt sich dann
$$\frac{x^3 - 7x^2 + 6x + 8}{x^2 - 3x + 2} = \frac{(x - 2)(x^2 - 5x - 4)}{(x - 1)(x - 2)} = \frac{x^2 - 5x - 4}{x - 1}.$$

Versuche den Bruch

$$\frac{2x^4 + 49x - 15}{x^2 + x - 6}$$

zu kürzen.

Übungen zu Programm O

1. Welcher Rest ergibt sich bei folgenden Divisionen?
   a) $(2x^3 + x - 4) : (x + 2)$;   b) $(3x^3 - 2x^2 - 12x - 27) : (x - 3)$.

2. Führe die folgenden Divisionen aus:
   a) $(2x^2 + 5x + 3) : (x + 1)$;   b) $(x^3 + 1) : (x - 1)$
   c) $(3x^3 - 8x^2 - 8x + 9) : (x - \frac{2}{3})$;
   d) $(2x^4 + 3x^2 - 5x + 1) : (x + 3)$.

   Kontrolliere jeweils, ob der Rest stimmt.

3. Bestimme a so, daß
   $(2x^3 + ax^2 - 4x) : (x + 2)$
   ohne Rest aufgeht.

4. Kürze:
   a) $\dfrac{x^2 + 5x - 14}{2x^3 - 7x - 2}$;   b) $\dfrac{2x^3 + 5x^2 + 7x + 6}{2x^2 + 5x + 3}$.

P Gleichungen höheren Grades

P 1 Der Teilbarkeitssatz aus O 11 erlaubt es, Gleichungen höheren Grades auf Gleichungen niederen Grades zu reduzieren, wenn Lösungen bekannt sind.
Ein Beispiel:
$x^3 + 7x^2 + 9x - 5 = 0$.
Diese Gleichung hat die Lösung $x_1 = -5$, wovon du dich durch die Probe überzeugen kannst. Also ist die linke Seite der Gleichung, die wir kurz mit $p_3(x)$ bezeichnen, durch $x + 5$ ohne Rest teilbar. Die Division ergibt
$p_3(x) : (x + 5) = x^2 + 2x - 1$,
$p_3(x) = (x^2 + 2x - 1)(x + 5)$.
Nach dem Satz: „Ein Produkt ist Null, wenn einer seiner Faktoren Null ist", folgt aus $p_3(x) = 0$
$x + 5 = 0 \lor x^2 + 2x - 1 = 0$.
Die erste Gleichung ergibt die bereits bekannte Lösung $x_1 = -5$. Aus der zweiten erhältst du die weiteren Lösungen:
$x_2 = -1 + \sqrt{2}$; $x_3 = -1 - \sqrt{2}$.
Die Gleichung dritten Grades wurde auf eine Gleichung zweiten Grades reduziert.
Löse $x^3 - 21x - 20 = 0$. Eine Lösung ist $x_1 = -1$.

P 2 Um Gleichungen höheren Grades reduzieren zu können, mußt du eine Lösung kennen. Beim Suchen von Lösungen hilft dir folgender Satz:

> $\dfrac{p}{q}$ sei Nullstelle eines Polynoms mit *ganzzahligen* Koeffizienten. Sind p und q teilerfremd, so ist p ein Teiler des konstanten Gliedes und q ein Teiler des Koeffizienten des höchsten Gliedes.

Wir erläutern diesen Satz am Beispiel
$5x^3 - 8x^2 - 7x + 6$.

Rationale Nullstellen können nur Brüche sein, deren Zähler ein Teiler von 6 und deren Nenner ein Teiler von 5 ist. Als Nullstellen kommen also nur Brüche mit $1; -1; 2; -2; 3; -3; 6$ oder -6 im Zähler und $1; -1; 5$ oder -5 im Nenner in Frage. Die Probe zeigt, daß $-1; 2$ und $\frac{3}{5}$ Nullstellen sind.

Welche acht rationalen Zahlen kommen als Lösungen der Gleichung

$$2x^3 + 7x^2 + 2x - 3 = 0$$

in Frage?

Mache für alle acht Zahlen die Probe.

P 3 Wir beweisen den Satz von P2 für Polynome 3. Grades. Auf andere Polynome läßt sich der Beweis ohne Schwierigkeiten übertragen.

$\frac{p}{q}$ sei eine Nullstelle des Polynoms

$$a_3 x^3 + a_2 x^2 + a_1 x + a_0,$$

d.h.

$$a_3 \frac{p^3}{q^3} + a_2 \frac{p^2}{q^2} + a_1 \frac{p}{q} + a_0 = 0.$$

Multiplikation mit q^3 ergibt:

$$a_3 p^3 + a_2 p^2 q + a_1 pq^2 + a_0 q^3 = 0.$$

Wir zeigen, daß p Teiler von a_0 ist. Dazu formen wir um:

$$p(a_3 p^2 + a_2 pq + a_1 q^2) = -a_0 q^3$$

$$(a_3 p^2 + a_2 pq + a_1 q^2) = -\frac{a_0}{p} q^3.$$

Da a_1, a_2, a_3, p und q ganze Zahlen sind, ist die linke Seite der Gleichung eine ganze Zahl, also auch die rechte. Dann ist aber p Teiler von a_0, da p und q als teilerfremd vorausgesetzt sind.

Beweise, daß q Teiler von a_3 ist.

P 4 In der Gleichung

$$x^3 - 4x^2 - 5x + 14 = 0$$

ist $a_3 = 1$. Also kommen nur ganze Zahlen als rationale Lösungen in Betracht, und zwar die Teiler von 14. Für $x_1 = -2$ stimmt die Probe. Also ist das Polynom durch $x - (-2) = x + 2$ teilbar:

$(x^3 - 4x^2 - 5x + 14) : (x + 2) = x^2 - 6x + 7$
$\underline{x^3 + 2x^2}$
$ -6x^2 - 5x$
$ \underline{-6x^2 - 12x}$
$ 7x + 14$
$ \underline{7x + 14}$
$ 0$

Aus $x^2 - 6x + 7 = 0$ ergeben sich die Lösungen
$x_2 = 3 + \sqrt{2}$ und $x_3 = 3 - \sqrt{2}$.
$\mathbb{L} = \{-2\,;\, 3 + \sqrt{2}\,;\, 3 - \sqrt{2}\}$.
Löse $x^3 - x^2 - x - 15 = 0$.

P 5 Hat das Polynom $p_n(x)$ vom Grade n die Nullstelle x_1, so läßt sich der Linearfaktor $(x - x_1)$ abspalten:

$p_n(x) = (x - x_1) \cdot p_{n-1}(x)$.

Hat nun $p_{n-1}(x)$ die Nullstelle x_2, so gilt

$p_{n-1}(x) = (x - x_2) \cdot p_{n-2}(x)$.

Bei jedem Schritt wird der Grad des Polynoms um 1 kleiner. Das geht höchstens n-mal.

> Ein Polynom vom Grade n hat höchstens n Nullstellen.

Schreibe
$p_3(x) = 6x^3 - 11x^2 - 5x + 12$
als Produkt von Linearfaktoren.

P 6 Wir bestimmen die Produktdarstellung zu $p_4(x) = 7x^4 + 20x^3 - 27$.
Du erkennst, daß $x_1 = 1$ eine Nullstelle ist. Die Division ergibt
$(7x^4 + 20x^3 - 27) : (x - 1) = 7x^3 + 27x^2 + 27x + 27$.

Das Polynom
$7x^3 + 27x^2 + 27x + 27$
hat die Nullstelle $x_2 = -3$.
Es ist
$(7x^3 + 27x^2 + 27x + 27) : (x + 3) = 7x^2 + 6x + 9$.

Dieses quadratische Polynom hat keine Nullstellen mehr, da die Diskriminante negativ ist. Die Produktdarstellung lautet also

$p_4(x) = (x - 1)(x + 3)(7x^2 + 6x + 9)$.

Bestimme die Produktdarstellung von

$p_4(x) = 3x^4 + 2x^3 - 9x^2 + 4$.

Übungen zu Programm P

1 In den folgenden Polynomen ist jeweils eine Nullstelle angegeben. Bestimme, falls vorhanden, die weiteren Nullstellen.
   a) $5x^3 + 14x^2 + 9x + 2$; $x_1 = -2$;
   b) $6x^3 + 19x^2 - 26x - 24$; $x_1 = -4$.

2 Gib für die folgenden Polynome an, welche rationalen Zahlen Nullstellen sein können. Mache für diese Zahlen die Probe.
   a) $x^3 + 2x^2 - 5x - 6$; b) $2x^3 - 5x^2 - 4x + 3$; $x^4 + 5x^2 + 4$.

3 Löse
   a) $x^3 + 3x^2 - 13x - 15 = 0$; b) $x^4 + 2x^3 + x^2 - 4 = 0$;
   c) $3x^3 + 7x^2 - 3x - 2 = 0$.

4 Bestimme die Produktdarstellung von
   a) $p_3(x) = 4x^3 + 4x^2 - 11x - 6$;
   b) $p_4(x) = x^4 + x^3 - 3x^2 - 5x - 2$;
   c) $p_3(x) = 2x^3 + 3x^2 - x + 2$.

Es folgt der letzte Test. Löse erst alle Aufgaben. Dann vergleichst du die Lösungen.

Test V

Aufgabe N
a) Was läßt sich nach dem Satz von Vieta über die Vorzeichen der Lösungen der Gleichung $x^2 + px - 27 = 0$ aussagen?
b) Bestimme p so, daß $x^2 + px - 27 = 0$ die Lösung $x_1 = 3$ hat. Wie heißt die andere Lösung?

Aufgabe O
a) Dividiere
$(3x^4 + 12x) : (x + 2)$.
b) Wie kannst du den Rest ohne Division bestimmen?

Aufgabe P
Stelle das Polynom
$p_4(x) = 2x^4 + x^3 - 12x^2 - 3x + 18$
als Produkt von Linearfaktoren dar.

Die Lösungen zu den Testaufgaben findest du auf Seite 142.
War alles richtig? — Wenn ja, dann hat das Buch seinen Zweck erfüllt.
Hat dir der Stil des Buches zugesagt, so empfehlen wir dir die weiteren Bände dieser Reihe.
Hast du noch Fehler gemacht, so solltest du die letzten Programme einschließlich der Übungen nochmals durcharbeiten und zwar
Programm N bei Fehlern in Aufgabe N,
Programm O bei Fehlern in Aufgabe O,
Programm P bei Fehlern in Aufgabe P.
Für deine weiteren mathematischen Studien wünschen wir dir viel Erfolg.

Lösungen

Programm A

A 1 a) 1369; b) $\frac{9}{25}$; c) 1000000; d) $\frac{1}{100}$; e) 0,0009; f) 11,999296.

A 2 a) 12; −12; b) $\frac{2}{5}$; $-\frac{2}{5}$; c) 0; d) 0,3; −0,3.

A 3 a) 11; b) $\frac{4}{7}$; c) 0; d) 0,1.

A 4 a) existiert nicht; b) 3; c) existiert nicht, da $-3^2 = -9$;
d) $\sqrt{(-3)^2} = \sqrt{9} = 3$.

A 5 a) 2,8; b) 9,6; c) 5,2.

A 6 a) 2,9580399; b) 0,3162278; c) 3,7682887.

A 7 a) 3,7; b) 3,71; c) 3,7148.

A 8 a) 5,128; b) 5,1284.
5,1284 liegt näher bei 5,128352... als 5,1283.

A 9 4,0600.

A 10 Das exakte Ergebnis ist 0. Wenn du eine sehr kleine Zahl, eventuell in Exponentialdarstellung, also z.B. $2 \cdot 10^{-9}$ erhalten hast, hast du richtig gerechnet.

Übungen zu Programm A

1 a) 136900; b) 0,000144; c) $\frac{961}{1849}$; d) $\frac{625}{121} = 5\frac{20}{121}$.

Lösungen

2   a) 9;   b) 160;   c) $\frac{5}{2} = 2\frac{1}{2}$;   d) $\frac{4}{7}$.

3   a) -13;   b) keine;   c) $-\frac{8}{3} = -2\frac{2}{3}$.

4   a) $\frac{8}{9}$; $-\frac{8}{9}$;   b) 0,14, $-0,14$;   c) keine Lösung.

5   a) 6,6 ist exakt;   b) 2,270;   c) 9,473;   d) 6,620;   e) 2,616;   f) 1,414.

6   a) 7,5020;   b) 2,7019;   c) 2,6458.

Programm B

B 1   In 5670 steht das Komma um drei Stellen weiter rechts als in 5,67. Also muß es in der Quadratzahl um $3 \cdot 2 = 6$ Stellen nach rechts verschoben werden. Ergebnis: 32 148 900.

B 2   Regel: Verschiebt man in der Grundzahl das Komma um eine Stelle nach links, wandert es in der Quadratzahl um zwei Stellen nach links. Die Regel bringt gegenüber der von B 1 nichts Neues, muß also nicht gesondert bewiesen werden.

B 3   Im Radikanden steht das Komma um vier Stellen weiter links als in 12,34. In der Wurzel aus dieser Zahl muß es also um zwei Stellen nach links verschoben werden. Ergebnis: 0,035128.

B 4 $\alpha^3 t^3 = \alpha \cdot \alpha^2 \cdot t \cdot t^2 = 1{,}728 \cdot 10^{-9}$.

B 5   a) 5 274 800;   b) 0,00000048261;   c) 0,0030936.

B 6   a) 4 592 449;   b) $4{,}5924 \cdot 10^6$.
Die Ergebnisse sind gleich. In der Exponentialdarstellung können die Taschenrechner aber nur weniger Stellen anzeigen und runden deshalb.

B 7   a) $34{,}000561 \cdot 10^{14}$;   b) $3{,}4001 \cdot 10^{15}$.

Lösungen

B 8 a) $4{,}608 \cdot 10^9$; b) $4{,}751 \cdot 10^6$; c) $-8{,}2345 \cdot 10^2$.
Quadrate: a) $2{,}1234 \cdot 10^{19}$; b) $2{,}2572 \cdot 10^{13}$; c) $6{,}7807 \cdot 10^5$.

B 9 a) $17{,}2225 \cdot 10^{-4}$; b) $1{,}7223 \cdot 10^{-3} = 1{,}7223 \cdot 10 \cdot 10^{-4} =$
$= 17{,}223 \cdot 10^{-4}$.

B 10 $1{,}6134 \cdot 10^{-6} = 0{,}0000016134$.

Proben:
$(1{,}6134 \cdot 10^{-6})^2 = 2{,}6031 \cdot 10^{-12}$,
$0{,}0000016134^2$ ergibt einen ungenaueren Wert, etwa $2{,}56 \cdot 10^{-12}$, da kein Taschenrechner bei der Eingabe 11 Stellen akzeptiert.

B 11 $3{,}1623 \cdot 10^7$.

B 12 $6{,}1 \cdot 10^{-6}$. Eine andere Exponentialdarstellung des Radikanden ist $37{,}21 \cdot 10^{-12}$. Wegen $\sqrt{10^{-12}} = 10^{-6}$ ist die Wurzel gleich $10^{-6} \cdot \sqrt{37{,}21}$.

Übungen zu Programm B

1 a) $48{,}2 \cdot 10^4$; b) $526 \cdot 10^{-5}$; c) $3{,}8 \cdot 10^5$; d) $820 \cdot 10^{-3}$.

2 a) $\dfrac{1}{10^7} = 10^{-7}$; b) 10^{-8}.

3 a) 10^{14}; b) $10{,}11 \cdot 10^6$; c) $(4{,}21 \cdot 10^{-5})^2 = 17{,}72 \cdot 10^{-10}$;
d) $26{,}63 \cdot 10^{-10}$.

4 a) 10^6; b) $\sqrt{10 \cdot 10^4} = 3{,}16 \cdot 10^2$;
c) $2{,}80 \cdot 10^3$; d) $8{,}84 \cdot 10^2 = 884$;
e) 10^{-4}; f) $3{,}16 \cdot 10^{-4}$;
g) $2{,}09 \cdot 10^{-2} = 0{,}0209$.

5 a) $5{,}831 \cdot 10^8$; b) $1{,}118 \cdot 10^{-10}$; c) $5{,}923 \cdot 10^3$;
d) $7{,}071 \cdot 10^{-1}$.

Lösungen

Programm C

C 1 $2{,}4494^2 = 5{,}99956036$; $2{,}4495^2 = 6{,}00005025$, also
$2{,}4494 < \sqrt{6} < 2{,}4495$.

C 2 $1 < \sqrt{3} < 2$; $1{,}7 < \sqrt{3} < 1{,}8$; $1{,}73 < \sqrt{3} < 1{,}74$;
$1{,}732 < \sqrt{3} < 1{,}733$.

C 3 $\frac{8}{a} = \frac{8}{3} = 2\frac{2}{3}$; also $2\frac{2}{3} < \sqrt{8} < 3$. Intervallänge $\frac{1}{3}$.

C 4 $a = \dfrac{2\frac{2}{3} + 3}{2} = \frac{17}{6}$; $\frac{8}{a} = \frac{48}{17}$; $a - \frac{8}{a} = \frac{17}{6} - \frac{48}{17} = \frac{1}{102}$.

Da $\frac{1}{102} > 0$ ist, folgt $\frac{48}{17} < \sqrt{8} < \frac{17}{6}$.

C 5   1. Intervall: $3 < \sqrt{11} < \frac{11}{3}$; Intervallänge: $\frac{2}{3} = 0{,}67$.

      2. Intervall: $a = \dfrac{3 + \frac{11}{3}}{2} = \frac{10}{3}$; $\frac{11}{a} = \frac{33}{10}$; $3{,}3 < \sqrt{11} < 3\frac{1}{3}$.

         Intervallänge: $3\frac{1}{3} - 3{,}3 = \frac{1}{30} < 0{,}1$.

C 6   Alle drei Zahlen sind Brüche: $\frac{5}{1}$; $\frac{7}{3}$; $\frac{-873}{100}$.

C 7   Wenn der Nenner $+1$ oder -1 ist.

C 8   Nein. Denn wäre sie ein Bruch, wäre dessen Quadrat also der Radikand, keine ganze Zahl.

C 9   1. etwa $\sqrt{16} = 4$;   2. etwa $\sqrt{7}$.

C 10 $\sqrt{10}$ ist keine ganze Zahl, da 1^2 ; 2^2 ; 3^2 ; 4^2 und auch alle größeren Quadratzahlen $\neq 10$ sind. Nach C 9 ist daher $\sqrt{10}$ auch kein Bruch.

C 11   a) irrational ;   b) $\sqrt{49} = 7$ ist rational ;   c) $\sqrt{2\frac{7}{9}} = \sqrt{\frac{25}{9}} = \frac{5}{3}$
ist rational ;   d) $\sqrt{0{,}4} = \sqrt{40 \cdot 10^{-2}} = \sqrt{40} \cdot 10^{-1}$ ist irrational.

C 12 $\sqrt{2}\,(\sqrt{7} + \sqrt{11}) = 1{,}41\,(2{,}65 + 3{,}32) = 1{,}41 \cdot 5{,}97 = 8{,}42$.
$\sqrt{2} \cdot \sqrt{7} + \sqrt{2} \cdot \sqrt{11} = 1{,}41 \cdot 2{,}65 + 1{,}41 \cdot 3{,}32 = 3{,}74 + 4{,}68 = 8{,}42$.

Lösungen

Übungen zu Programm C

1 $2<\sqrt{7}<3$; $2,6<\sqrt{7}<2,7$; $2,64<\sqrt{7}<2,65$;
   $2,645<\sqrt{7}<2,646$.

2 $4\frac{3}{5}<\sqrt{23}<5$; $4\frac{19}{24}<\sqrt{23}<4\frac{4}{5}=\frac{4\frac{3}{5}+5}{2}$ hat die Länge $\frac{1}{120}$.

3 a) $\sqrt{169}=13$ ist rational ;   b) irrational ;   c) irrational ;
   d) $\sqrt{3\frac{6}{25}}=\sqrt{\frac{81}{25}}=\frac{9}{5}$ ist rational.

4 30 ist nicht Quadrat einer ganzen Zahl. Da die Wurzel aus einer positiven ganzen Zahl aber entweder ganz oder irrational ist, ist $\sqrt{30}$ irrational.

5 $\sqrt{5} \cdot (\sqrt{7} \cdot \sqrt{14}) = 2,24 \cdot (2,65 \cdot 3,74) = 2,24 \cdot 9,91 = 22,2$.
   $(\sqrt{5} \cdot \sqrt{7}) \cdot \sqrt{14} = (2,24 \cdot 2,65) \cdot 3,74 = 5,94 \cdot 3,74 = 22,2$.

Test I

Aufgabe A
a) $7,27$; $-7,27$;   b) $\sqrt{169}=13$; $-\sqrt{169}=-13$;
$\sqrt{-169}$ existiert nicht.

Aufgabe B
a) $5,08 \cdot 10^3$;   b) $7,75 \cdot 10^{-3}$.

Aufgabe C
a) $4<\sqrt{19}<5$; $4,3<\sqrt{19}<4,4$; $4,35<\sqrt{19}<4,36$; $4,358<\sqrt{19}<4,359$.

b) Die Wurzel aus einer ganzen Zahl ist nur dann rational, wenn sie eine ganze Zahl ist. Da 19 aber nicht das Quadrat einer ganzen Zahl ist, ist $\sqrt{19}$ eine irrationale Zahl.

Lösungen

Programm D

D 1 Einziger Unterschied: Die Null gehört nicht zu den positiven, wohl aber zu den nicht negativen Zahlen.

D 2 a) $3^2(\sqrt{2})^2 = 9 \cdot 2 = 18$;

b) nach Kürzen mit $18 \cdot 2\sqrt{3}$: $\quad \dfrac{4 \cdot 5}{3 \cdot 5} = \dfrac{4}{3}$.

D 3 Ja; denn $x^2 = (-5)^2 = 25$ hat die Lösungen 5 und -5.

D 4 Beides ist richtig, denn $\sqrt{0} = 0 = -0$.

D 5 $\sqrt{9a^2} = \sqrt{(3a)^2} = |3a| = 3 \cdot |a|$.

D 6 a) $\sqrt{(2a-3)^2} = |2a-3|$;

b) $\sqrt{(2a-3)^2} = \begin{cases} 2a-3 & \text{für} \quad a \geq 1{,}5 \\ -(2a-3) & \text{für} \quad a < 1{,}5 \end{cases}$

D 7 $\sqrt{a^2 - 2ab + b^2} = \sqrt{(a-b)^2} = |a-b| = b - a$ für $a < b$.

D 8 $x^2 = (a-8)^2$; $a - 8$ und $-(a-8) = 8 - a$ sind die Lösungen.

Übungen zu Programm D

1 a) $(\sqrt{18})^2 = 18$; b) $4^2 \cdot (\sqrt{3})^2 = 48$; c) $\dfrac{6^2}{(\sqrt{2})^2} = \dfrac{36}{2} = 18$;

d) $\dfrac{1}{2}$; e) $\dfrac{20(\sqrt{6})^2}{9} = \dfrac{40}{3}$; f) 3.

2 $a \geq 1$.

3 a) für jedes a; $\sqrt{a^2 + 1}$ und $-\sqrt{a^2 + 1}$;
b) für $a \leq 3$; $\sqrt{3 - a}$ und $-\sqrt{3 - a}$;
c) für $a \geq -2$; $\sqrt{a + 2}$ und $-\sqrt{a + 2}$.

Lösungen

4 Nur für $x = 0$.

5 Für keinen Wert von a; denn $\sqrt{a^2 - 2a + 1} = \sqrt{(a-1)^2} = |a-1|$.

6 $\sqrt{a^2 - 2a + 1} = |a-1| = 1 - a$ für $a \leq 1$.

7 a) $\sqrt{a^2 - 2a + 1} = |a-1|$; b) $\left|\dfrac{a}{3}\right| = \dfrac{1}{3}|a|$;
c) $\sqrt{9x^2 + 24x + 16} = \sqrt{(3x+4)^2} = |3x+4|$.

8 a) $+2a$; $-2a$; b) $a-5$; $-(a-5) = 5-a$;
c) $5-a$; $a-5$.

9 $|x+1| + |2x+1|$.
a) $-(x+1) - (2x+1) = -3x - 2$;
b) $(x+1) - (2x+1) = -x$;
c) $(x+1) + (2x+1) = 3x + 2$.

Programm E

E 1 $\sqrt{3}(7 - 5 + 1 - 10) = -7\sqrt{3}$.

E 2 a) $4\sqrt{6} + 17\sqrt{5}$; b) $3 - \sqrt{3}$.

E 3 Weil $\sqrt{-2}$ und $\sqrt{-3}$ nicht existieren.

E 4 $\left(\dfrac{\sqrt{a}}{\sqrt{b}}\right)^2 = \dfrac{(\sqrt{a})^2}{(\sqrt{b})^2} = \dfrac{a}{b}$.

Die einzige nicht negative Zahl, deren Quadrant $\dfrac{a}{b}$ ist, ist aber $\sqrt{\dfrac{a}{b}}$.

Also ist $\dfrac{\sqrt{a}}{\sqrt{b}} = \sqrt{\dfrac{a}{b}}$.

E 5 a) $\sqrt{\dfrac{6}{54}} = \sqrt{\dfrac{1}{9}} = \dfrac{1}{3}$; b) $\sqrt{\dfrac{4{,}8}{30 \cdot 0{,}02}} = \sqrt{\dfrac{4{,}8}{0{,}6}} = \sqrt{8} \approx 2{,}83$.

Lösungen

E 6 a) $\sqrt{4} + \sqrt{4} + \sqrt{1} = 2 + 2 + 1 = 5 \neq \sqrt{4+4+1} = \sqrt{9} = 3$;
b) $\sqrt{169} - \sqrt{25} = 13 - 5 = 8 \neq \sqrt{169 - 25} = \sqrt{144} = 12$.

E 7 $9\sqrt{10} - 12\sqrt{5} + 30$.

E 8 $(3\sqrt{2})^2 - (2\sqrt{5})^2 = 9 \cdot 2 - 4 \cdot 5 = -2$.

Übungen zu Programm E

1 a) $8\sqrt{3}$;   b) $2\sqrt{7} - 1$;   c) $2\sqrt{3}x - 2\sqrt{2}x = 2(\sqrt{3}x - \sqrt{2}x)$;
   d) 30 ;   e) 2 ;   f) $\sqrt{30\,xyz}$;
   g) $\sqrt{\dfrac{6 \cdot 21}{10 \cdot 35}} = \sqrt{\dfrac{9}{25}} = \dfrac{3}{5}$;   h) $\sqrt{2}$.

2 a) $2\sqrt{2} - 6 + 5\sqrt{6}$;   b) $8 - \sqrt{7}$;   c) $2\sqrt{3} - 2 = 2(\sqrt{3} - 1)$;
   d) $(5\sqrt{2})^2 - 2 \cdot 5\sqrt{2} \cdot 2\sqrt{8} + (2\sqrt{8})^2 = 50 - 20\sqrt{16} + 32 = 2$;
   e) $(4\sqrt{2})^2 - (5\sqrt{5})^2 = 32 - 125 = -93$;
   f) $3\dfrac{\sqrt{6}}{\sqrt{2}} - 5\dfrac{\sqrt{10}}{\sqrt{2}} + 7\dfrac{\sqrt{2}}{\sqrt{2}} = 3\sqrt{3} - 5\sqrt{5} + 7$;
   g) $(\sqrt{x+y} + \sqrt{x-y})^2 - (\sqrt{2x})^2 =$
      $= x + y + 2\sqrt{x^2 - y^2} + x - y - 2x = 2\sqrt{x^2 - y^2}$.

3 Beide Terme sind positiv. Ihre Quadrate sind $(1 + \sqrt{3})^2 = 4 + 2\sqrt{3}$ bzw. $(\sqrt{4 + 2\sqrt{3}})^2 = 4 + 2\sqrt{3}$, also gleich. Deshalb sind die Terme selbst gleich.

4 Die Quadrate beider Terme sind zwar gleich, da aber $1 - \sqrt{3}$ negativ, der rechte Term dagegen positiv ist, ist die Gleichung falsch.

5 a) $2 + \sqrt{3}$, da der Radikand $= (2 + \sqrt{3})^2$ ist.
   b) $\sqrt{5} + \sqrt{2}$.
   c) $|\sqrt{2} - \sqrt{3}| = \sqrt{3} - \sqrt{2}$.

6 $\sqrt{-2}$ und $\sqrt{-8}$ existieren nicht.

Lösungen

Programm F

F 1 a) $\sqrt{9 \cdot 5} = 3\sqrt{5}$; b) $\sqrt{256 \cdot 2} = 16\sqrt{2}$; c) $9\sqrt{3}$;
d) $\sqrt{10^6 \cdot 10} = 10^3 \sqrt{10}$.

F 2 $2 \cdot \sqrt{9 \cdot 3} - 3\sqrt{9 \cdot 5} + 8\sqrt{4 \cdot 5} - \sqrt{3} = 6\sqrt{3} - 9\sqrt{5} + 16\sqrt{5} - \sqrt{3}$
$= 5\sqrt{3} + 7\sqrt{5}$.

F 3 $(6\sqrt{2} - 3\sqrt{2})(20\sqrt{2} + 2\sqrt{5}) = 3\sqrt{2}(20\sqrt{2} + 2\sqrt{5}) = 120 + 6\sqrt{10}$.

F 4 Wäre a negativ, so wäre der Radikand $8\,ab^2$ negativ. $32\,a^2b$ wäre negativ, wenn b negativ wäre.
$3\sqrt{2\,ab}\,(2\,ab\,\sqrt{2\,a} + 4\,ab\,\sqrt{2\,b})$
$= 6\,ab\,\sqrt{2\,ab}\,\sqrt{2\,a} + 12\,ab\,\sqrt{2\,ab}\,\sqrt{2\,b}$
$= 12\,a^2\,b\,\sqrt{b} + 24\,a\,b^2\,\sqrt{a}$

F 5 $3\,|\,b\,|\,\sqrt{6\,a}$.

F 6 $\sqrt{2\,x(2\,x - 3\,y)^2} = |2\,x - 3\,y|\,\sqrt{2\,x}$.

F 7 $3\sqrt{7} = 3 \cdot 2{,}65 = 7{,}95$; $\sqrt{63} = 7{,}94$. Wenn die Ergebnisse auf dem Taschenrechner verschieden sind, ist das zweite genauer; denn beim ersten multipliziert sich der Fehler mit 3.

F 8 $\sqrt{(1 + \sqrt{3})^2\,(4\sqrt{3} - 6)} = \sqrt{4(2 + \sqrt{3})\,(2\sqrt{3} - 3)} = 2\sqrt{\sqrt{3}}$.

F 9 Es ist $2 \cdot \sqrt{6} = 4{,}90$, also $5 - 2\sqrt{6} > 0$.
$\sqrt{(5 - 2\sqrt{6})^2\,(49 + 20\sqrt{6})} = \sqrt{(49 - 20\sqrt{6})\,(49 + 20\sqrt{6})} = 1$.

Übungen zu Programm F

1 a) $6\sqrt{3}$; b) $7\sqrt{3\,xy}$; c) $3\sqrt{a^2 - b^2}$; d) $6\,|a| \cdot b\sqrt{5\,b}$;
e) $5\sqrt{3\,p^2 + q^2}$.

Lösungen

2 a) $6\sqrt{3} - 15\sqrt{2} - 8\sqrt{3} + 16\sqrt{2} = \sqrt{2} - 2\sqrt{3}$;
    b) $2\sqrt{6}$;   c) $(15\sqrt{6} - 10\sqrt{6})^2 = 150$;
    d) $z\sqrt{b} - (z+2)\sqrt{b} + 3\sqrt{b} - \sqrt{b} = 0$;
    e) $165\sqrt{y^4} = 165\,y^2$; f) $6x^2 y^3 \sqrt{2}$.

3 x und y müssen gleiches Vorzeichen haben.
    $4|x|\sqrt{3xy} + 35|x|\sqrt{3xy} - 16|x| \cdot \sqrt{3xy} = 23|x|\sqrt{3xy}$.

4 a) $\sqrt{36 \cdot \frac{5}{12}} = \sqrt{15}$;   b) $\sqrt{(4 - 2\sqrt{3})(4 + 2\sqrt{3})} = 2$;
    c) $\sqrt{101 + 45\sqrt{5}}$.
    d) $-\sqrt{(\sqrt{7} - 2)^2 (11 + 4\sqrt{7})} = -\sqrt{(11 - 4\sqrt{7})(11 + 4\sqrt{7})} =$
       $= -\sqrt{121 - 112} = -3$.
    e) $-\sqrt{(\sqrt{5} - \sqrt{3})^2 (2\sqrt{3} + 2\sqrt{5})} = -\sqrt{2(\sqrt{5} - \sqrt{3})(5 - 3)} =$
       $= -2\sqrt{\sqrt{5} - \sqrt{3}}$.

5 a) $|a + 2b| \cdot \sqrt{3}$; b) $|x - 1| \cdot \sqrt{x}$;
    c) $|2x - y| \cdot \sqrt{5} - |y - 1| \cdot \sqrt{5} = \sqrt{5}\,(|2x - y| - |y - 1|)$.

Programm G

G 1 a) $\frac{\sqrt{3}}{3} = \frac{1}{3}\sqrt{3}$; b) $\frac{2\sqrt{2}}{2} = \sqrt{2}$.

G 2 $\frac{3\sqrt{6} - 3\sqrt{2}}{3} - \frac{6\sqrt{3} - 6\sqrt{2}}{6} = \sqrt{6} - \sqrt{2} - \sqrt{3} + \sqrt{2} = \sqrt{6} - \sqrt{3}$.

G 3 $\frac{(x+y)\sqrt{x^2 - y^2}}{x^2 - y^2} = \frac{\sqrt{x^2 - y^2}}{x - y}$.

G 4 $\frac{4(\sqrt{11} - 1)}{(\sqrt{11} + 1)(\sqrt{11} - 1)} = \frac{2}{5}(\sqrt{11} - 1)$.

Lösungen

G 5 $\dfrac{3\sqrt{5}(2\sqrt{6}+3\sqrt{3})}{(2\sqrt{6}-3\sqrt{3})(2\sqrt{6}+3\sqrt{3})} = \dfrac{6\sqrt{30}+9\sqrt{15}}{(2\sqrt{6})^2-(3\sqrt{3})^2} =$

$= \dfrac{3(2\sqrt{30}+3\sqrt{15})}{-3} = -2\sqrt{30}-3\sqrt{15}.$

G 6 $\dfrac{(4\sqrt{3}-3\sqrt{2})^2}{(4\sqrt{3})^2-(3\sqrt{2})^2} = \dfrac{66-24\sqrt{6}}{48-18} = \tfrac{1}{5}(11-4\sqrt{6}).$

G 7 $\dfrac{\sqrt{2}+\sqrt{3}}{\sqrt{2-\sqrt{3}}\cdot\sqrt{2+\sqrt{3}}} = \dfrac{\sqrt{2}+\sqrt{3}}{\sqrt{4-3}} = \sqrt{2}+\sqrt{3}.$

Übungen zu Programm G

1 a) $2\sqrt{6}$;   b) $\sqrt{\dfrac{3\cdot 5}{5\cdot 5}} = \dfrac{\sqrt{15}}{5} = \tfrac{1}{5}\sqrt{15}$;   c) $\tfrac{2}{3}\sqrt{3}x$;

d) $(a-1)\sqrt{a+1}$;   e) $\dfrac{xy\sqrt{x}+xy\sqrt{y}}{xy} = \sqrt{x}+\sqrt{y}$;

f) $\sqrt{\dfrac{(2a-b)(2a+b)}{(2a+b)^2}} = \dfrac{1}{|2a+b|}\sqrt{4a^2-b^2}.$

2 a) $\dfrac{40(2+\sqrt{5})}{2^2-(\sqrt{5})^2} = -40(2+\sqrt{5})$;

b) $\dfrac{3\sqrt{3}-3\sqrt{2}+6\sqrt{2}-4\sqrt{3}}{9-24} = \tfrac{1}{15}(\sqrt{3}-3\sqrt{2})$;

c) $7+4\sqrt{3}$;

d) $\dfrac{5\sqrt{5}+2\sqrt{5}}{\sqrt{5^2-(2\sqrt{5})^2}} = \sqrt{5}\cdot\sqrt{5+2\sqrt{5}} = \sqrt{25+10\sqrt{5}}.$

3 a) $6\sqrt{10x} + \sqrt{\dfrac{32\cdot 15^2 x^2}{45x}} + 8\sqrt{\dfrac{45x\cdot 2}{64}} =$

$= 6\sqrt{10x} + 4\sqrt{10x} + 3\sqrt{10x} = 13\sqrt{10x}.$

Lösungen

b) $\dfrac{4\sqrt{15}\,(5\sqrt{3}+3\sqrt{5})}{75-45} - \dfrac{6\sqrt{5}-6\sqrt{3}}{3} = \dfrac{60(\sqrt{5}+\sqrt{3})}{30} -$

$- 2\sqrt{5} + 2\sqrt{3} = 2\sqrt{5} + 2\sqrt{3} - 2\sqrt{5} + 2\sqrt{3} = 4\sqrt{3}$.

c) Erweitert man den ersten Bruch mit $\sqrt{a}+\sqrt{b}$ und den zweiten mit $\sqrt{a}-\sqrt{b}$, erhalten alle drei Brüche den Hauptnenner $a-b$. Ergebnis $= 0$.

4 Damit alle Wurzeln definiert sind und kein Nenner Null wird, müssen x und y positiv und bei a) $x \neq y$ sein.

a) Erweitert man den ersten Bruch mit $x-\sqrt{xy}$ und den zweiten mit $y+\sqrt{xy}$, werden die drei Nenner $x^2 - xy = x(x-y)$, $y^2 - xy = -y(x-y)$ und $x-y$.
Der Hauptnenner ist $xy(x-y)$. Ergebnis:

$$\dfrac{x\sqrt{xy} - y\sqrt{xy} - xy\sqrt{x} + xy\sqrt{y}}{xy(x-y)} = \dfrac{\sqrt{xy}(x-y) - xy(\sqrt{x}-\sqrt{y})}{xy(x-y)}.$$

b) Erweitern mit $\sqrt{xy}$ bzw. $\sqrt{x}-\sqrt{y}$ und Zusammenfassen führt auf dasselbe.

Test II

Aufgabe D

a) $\sqrt{(3r-s)^2} = |3r-s|$; b) $5\sqrt{x}$.

Aufgabe E

a) $3\sqrt{\dfrac{ab \cdot 15c}{3ac}} = 3\sqrt{5b}$;

b) $(3\sqrt{5})^2 + 2 \cdot 3\sqrt{5} \cdot 5\sqrt{7} + (5\sqrt{7})^2 = 220 + 30\sqrt{35}$.

Aufgabe F

a) $25x\sqrt{2x} + \dfrac{3x^2}{x}\sqrt{2x} - 14x\sqrt{2x} = 14x\sqrt{2x}$;

b) $\sqrt{(\sqrt{3}-\sqrt{2})^2}\,(5+2\sqrt{6}) = 1$.

Aufgabe G

$\dfrac{(2\sqrt{15}-3\sqrt{6})(3\sqrt{2}+2\sqrt{3})}{(3\sqrt{2})^2 - (2\sqrt{3})^2} = \sqrt{30} + 2\sqrt{5} - 3\sqrt{3} - 3\sqrt{2}$.

Lösungen

Programm H

H 1 a) $5x^2 - 2x + 7 = 0$;   b) $a = 1$; $b = 0$; $c = -5$.

H 2 $x(5x - 12) = 0$; $\mathbb{L} = \{0 ; 2,4\}$. $5 \cdot 0 = 12 \cdot 0$ ist richtig.
$5 \cdot 2,4^2 = 12 \cdot 2,4$ ist ebenfalls richtig.

H 3 a) $x^2 = \frac{16}{9}$; $\mathbb{L} = \{\frac{4}{3} ; -\frac{4}{3}\}$;   b) $\mathbb{L} = \emptyset$.

H 4 $2x + 5 = 7 \lor 2x + 5 = -7$; $\mathbb{L} = \{1; -6\}$.
Probe für 1: $(2 \cdot 1 + 5)^2 = 49$ ist richtig;
Probe für -6: $(-12 + 5)^2 = 49$ ist richtig.

H 5 $(2x - 1)^2 = 49$; $\mathbb{L} = \{4; -3\}$.

H 6 a) 5^2 ;   b) $(x - 5)^2 = 16$; $\mathbb{L} = \{1; 9\}$.

H 7 $(x + 4,5)^2 = 4,5^2 - 18 = 2,25$; $\mathbb{L} = \{-3; -6\}$.
Probe: $(-3)^2 + 9 \cdot (-3) + 18 = 0$; $(-6)^2 + 9 \cdot (-6) + 18 = 0$.

H 8 $(x + 3)^2 = 12$; $\mathbb{L} = \{-3 + 2\sqrt{3} ; -3 - 2\sqrt{3}\}$.
Probe für $-3 + 2\sqrt{3}$:
$(-3 + 2\sqrt{3})^2 + 6(-3 + 2\sqrt{3}) - 3 = 9 - 12\sqrt{3} + 12 - 18 + 12\sqrt{3} - 3 = 0$.

H 9 $x^2 - \frac{5}{6}x + (\frac{5}{12})^2 = 1 + \frac{25}{144}$; $(x - \frac{5}{12})^2 = \frac{169}{144}$; $\mathbb{L} = \{-\frac{2}{3}; +\frac{3}{2}\}$.

H 10 $x^2 + 9x - 10 = 0$; $\mathbb{L} = \{-\frac{9}{2} + \frac{1}{2}\sqrt{40 + 81} ; -\frac{9}{2} - \frac{1}{2}\sqrt{40 + 81}\} =$
$= \{1; -10\}$.

Übungen zu Programm H

1 a) $\{0; 3,2\}$;   b) $\{0; \frac{28}{3}\}$;   c) keine Lösung ;   d) $\{\frac{5}{2}; -\frac{5}{2}\}$;
   e) $\{\frac{1}{3}\sqrt{35}; -\frac{1}{3}\sqrt{35}\}$;   f) $x^2 - 3x = 0$; $\mathbb{L} = \{0; 3\}$.

Lösungen

2 a) 6^2; $(x-6)^2$. b) $(\frac{13}{2})^2$; $(x+\frac{13}{2})^2$; c) $(\frac{7}{22})^2$; $(x+\frac{7}{22})^2$;

d) $(\frac{19}{10})^2$; $(x-\frac{19}{10})^2$; e) $\left(\frac{5r}{2}\right)^2$; $\left(x-\frac{5r}{2}\right)^2$;

f) $\left(\frac{b}{2a}\right)^2$; $\left(x+\frac{b}{2a}\right)^2$.

---

3 a) $(x-\frac{7}{2})^2 = \frac{25}{4}$; $\mathbb{L} = \{1; 6\}$; b) $(x+5)^2 = 49$; $\mathbb{L} = \{2; -2\}$;

c) $(x-\frac{5}{8})^2 = \frac{26}{4} + \frac{25}{64}$; $\mathbb{L} = \{\frac{13}{4}; -2\}$;

d) $\left(x+\frac{3}{10}\right)^2 = \frac{89}{100}$; $\mathbb{L} = \left\{\frac{-3+\sqrt{89}}{10}; \frac{-3-\sqrt{89}}{10}\right\}$.

---

4 $(x-3)^2 = 9 - c$; $\mathbb{L} = \{3 + \sqrt{9-c}; 3 - \sqrt{9-c}\}$. Die Gleichung ist nur für $c \leq 9$ lösbar.

---

5 a) $x = -4k \pm \sqrt{16k^2 + 7}$; b) $(kx-2)^2 = 0$, also $x = \frac{2}{k}$;

c) $x = -2k \pm \sqrt{4k^2 - \frac{5}{3}}$; d) $x = \frac{k}{4} \pm \sqrt{\frac{k^2}{16} + \frac{3}{2k}}$;

$k = 1$: a) $x = -4 \pm \sqrt{23}$; b) $x = 2$; c) $x = -2 \pm \sqrt{\frac{7}{3}}$;

d) $x = 1{,}5$ oder -1.

a) ist für alle k, b) für $k \neq 0$, c) für $|k| \geq \sqrt{\frac{5}{12}}$ und

d) für $k > 0$ und für $\frac{k^2}{16} \geq \frac{3}{2k}$ und $k < 0$, d.h. für $k^3 \leq -24$ lösbar.

Programm I

I 1 $3x^2 - x - 2 = 0$; $x = \frac{1 \pm \sqrt{1 - 4 \cdot 3 \cdot (-2)}}{2 \cdot 3} = \frac{1 \pm \sqrt{25}}{6} = \frac{1 \pm 5}{6}$;
$\mathbb{L} = \{1; -\frac{2}{3}\}$.

I 2 $\mathbb{L} = \{8; 18\}$. Die Seiten sind 8 cm und 18 cm lang.

I 3 $9 \cdot 0{,}49^2 + 6 \cdot 0{,}49 - 5 = 0{,}1009$.
0,48 ist der bessere Näherungswert.

Lösungen

I 4 $x = \dfrac{-12 \pm \sqrt{144 - 144}}{8}$; $\mathbb{L} = \{-\tfrac{3}{2}\}$.

I 5   a) $D = -44$; keine Lösung ;   b) $D = 289$; 2 Lösungen ; $\mathbb{L} = \{\tfrac{4}{3}; \tfrac{1}{5}\}$;   c) $D = 0$; eine Lösung ; $\mathbb{L} = \{\tfrac{5}{2}\}$.

I 6 $D = 9r^2$; $x = \dfrac{r \pm 3r}{4}$; $\mathbb{L} = \left\{r; -\tfrac{r}{2}\right\}$.

Probe für r: $2r^2 - r^2 - r^2 = 0$; für $-\tfrac{r}{2}$: $\dfrac{r^2}{2} + \dfrac{r^2}{2} - r^2 = 0$.

I 7 $x^2 + x(2a - 3) - (3a + 4) = 0$; $D = (2a - 3)^2 + 4(3a + 4) = 4a^2 + 25$;

$\mathbb{L} = \left\{\dfrac{-2a + 3 + \sqrt{4a^2 + 25}}{2} ; \dfrac{-2a + 3 - \sqrt{4a^2 + 25}}{2}\right\}$.

Da D stets > 0 ist, hat die Gleichung für jeden Wert von a zwei verschiedene Lösungen.

I 8   Normalform: $x^2(5 + 2k) - x(4 + k) + 1 = 0$.

Die Gleichung ist linear für $k = -\tfrac{5}{2}$ und hat dann die Lösung $x = \tfrac{2}{3}$.

Die Diskriminante ist $D = (4 + k)^2 - 4(5 + 2k) = k^2 - 4$. Also existieren zwei Lösungen für $k > 2$ und $k < -2$, $k \neq -\tfrac{5}{2}$,

eine Lösung für $k = 2$, $k = -2$ und $k = -\tfrac{5}{2}$, keine Lösung für $-2 < k < 2$.

Für $k = 2$ ist $x = \tfrac{1}{3}$, für $k = -2$ ist $x = 1$.

Übungen zu Programm I

1   a) $\{11; -2\}$;   b) $\{3; -\tfrac{7}{3}\}$;   c) $\left\{\dfrac{5 + \sqrt{7}}{3} ; \dfrac{5 - \sqrt{7}}{3}\right\}$;

d) $\emptyset$;   e) $\left\{\dfrac{-1 + \sqrt{5}}{2} ; \dfrac{-1 - \sqrt{5}}{2}\right\}$;

f) $x^2 - 11x - 26 = 0$; $\mathbb{L} = \{13; -2\}$.

Lösungen

2 a) $D = 16$; $\mathbb{L} = \{-3a+2; -3a-2\}$;   b) $\mathbb{L} = \left\{\dfrac{3}{a}; \dfrac{2}{a}\right\}$;

  c) $D = 9a^2$; $\mathbb{L} = \left\{-1; \dfrac{1}{3a-1}\right\}$;

  d) $x = \dfrac{3b \pm \sqrt{9b^2 - 32ac}}{4a}$.

3 a) $c = 0$; $x = \dfrac{-8 \pm \sqrt{64 - 0}}{6}$; $x_1 = 0$; $x_2 = -\dfrac{8}{3}$.

  b) $b = 0$; $x = \dfrac{0 \pm \sqrt{0 - 4 \cdot 2(-4{,}5)}}{4}$; $x_1 = \dfrac{3}{2}$; $x_2 = -\dfrac{3}{2}$.

4 a) keine;   b) zwei verschiedene;   c) eine;
  d) zwei verschiedene Lösungen.

5 $D = (2-k)^2 - 4(1+k) = k^2 - 8k$. $D = 0 \Rightarrow k_1 = 0$; $k_2 = 8$.

6 Normalform: $x^2(10 - 2p) + x(2 - 2p) + 1 = 0$.
  Die Gleichung ist linear für $p = 5$ und hat dann die Lösung $x = \dfrac{1}{8}$.
  Die Diskriminante ist
  $D = 4p^2 - 36 = 4(p^2 - 9)$. Genau eine Lösung gibt es also auch für
  $p = \pm 3$. Für $p = 3$ wird $x = \dfrac{1}{2}$, für $p = -3$ wird $x = -\dfrac{1}{4}$.

7 a) $D = 5476$, $\mathbb{L} = \{19; -\dfrac{17}{3}\}$;
  b) $D = 152100$, $\mathbb{L} = \{3; -23\}$;
  c) $D = 81225$; $\mathbb{L} = \{-\dfrac{2}{7}; -41\}$;
  d) $D = 462761$; $\mathbb{L} = \{44{,}664; -7{,}664\}$;
  e) $D = 2630{,}36$; $\mathbb{L} = \{13; -9{,}260\}$.

Lösungen

Programm J

J 1 x sei die kleinste Zahl: $x^2 + (x + 1)^2 + (x + 2)^2 = 590$.
$3x^2 + 6x - 585 = 0$; $x^2 + 2x - 195 = 0$; $x_1 = -15$; $x_2 = 13$.
Die Zahlen sind $-15; -14; -13$ oder $13; 14; 15$.

J 2

	Geschw.	Weg	Zeit
1. Auto	x	540	$\frac{540}{x}$
2. Auto	x − 24	540	$\frac{540}{x-24}$

$\frac{540}{x-24} = \frac{540}{x} + \frac{3}{4}$;
$x^2 - 24x - 720 \cdot 24 = 0$;
$x_1 = 144$; $(x_2 = -120)$.

$144 \frac{km}{h}$ und $120 \frac{km}{h}$ sind die Geschwindigkeiten der Autos.

J 3 $HN = 6x(3x - 4)$; $2x^2 + 13x - 24 = 0$; $\mathbb{L} = \{\frac{3}{2}; -8\}$.

Probe für $\frac{3}{2}$:

$\frac{3+3}{9-8} - \frac{2}{3} = \frac{6+2}{13{,}5-12}$

$6 - \frac{2}{3} = \frac{8 \cdot 2}{3}$

ist richtig.

Probe für -8:

$\frac{-16+3}{-48-8} - \frac{1}{-8} = \frac{-32+2}{-72-12}$

$\frac{13}{56} + \frac{7}{56} = \frac{5}{14}$

ist richtig.

J 4 $\mathbb{G} = \{x \mid x \neq 0; x \neq 2; x \neq -2\}$.
$HN = 6x(x - 2)(x + 2)$; $x^2 - x - 6 = 0$;
$x_1 = 3$ liegt in $\mathbb{G}$; $x_2 = -2$ liegt nicht in $\mathbb{G}$; $\mathbb{L} = \{3\}$.

J 5 $y = 5 - 1{,}5x$; $x^2 - (5 - 1{,}5x)^2 = 15$;
$x_1 = 8$; $x_2 = 4$; $y_1 = -7$; $y_2 = -1$; $\mathbb{L} = \{(8; -7); (4; -1)\}$.

J 6

	Kapital	Zinssatz in %	Zinsen
A	x	y	36
B	x − 120	y + 1,5	36

Lösungen

I $\quad x \cdot \dfrac{y}{100} = 36$; $\quad$ II $(x - 120)\dfrac{y + 1{,}5}{100} = 36$;

$y = \dfrac{3600}{x}$ in II eingesetzt $\Rightarrow x^2 - 120x - 288000 = 0$.

$x_1 = 600$; x_2 ist unbrauchbar, da negativ.
A hat 600 DM zu 6 %, B 480 DM zu 7,5 % angelegt.

J 7 $\quad x^3 - 5x^2 + 6x = 0$; $x_1 = 0$; $x_2 = 2$; $x_3 = 3$;
$\mathbb{L} = \{(0;6)\ ;\ (2;2);\ (3;0)\}$.

J 8 $\quad 36x^4 - 25x^2 + 4 = 0$; $x^2 = z$; $z_1 = \dfrac{4}{9}$; $z_2 = \dfrac{1}{4}$;
$\mathbb{L} = \{\tfrac{2}{3}; -\tfrac{2}{3}; \tfrac{1}{2}; -\tfrac{1}{2}\}$.

J 9 $\quad x^4 + 3x^2 - 4 = 0$; $x^2 = z$; $z_1 = 1$; $z_2 = -4$; $\mathbb{L} = \{1; -1\}$.

J 10 $\quad 3x^2 - 5x = z$; $z_1 = 2$; $z_2 = -3$. z_2 ergibt keine Lösungen.
$\mathbb{L} = \{2; -\tfrac{1}{3}\}$.

J 11 $\quad$ Aus II folgt $x = \dfrac{4}{y} - y$. In I eingesetzt:

$\dfrac{16}{y^2} - 8 + y^2 - 4y^2 = 5$ oder mit $z = y^2$: $3z^2 + 13z - 16 = 0$

mit den Lösungen $z_1 = 1$, $z_2 = -\dfrac{16}{3}$. z_2 ist unbrauchbar.
$\mathbb{L} = \{(3;\ 1), (-3;\ -1)\}$.

Übungen zu Programm J

1   a) $\mathbb{G} = \{x \mid x \neq 0\}$; $\mathbb{L} = \{\tfrac{7}{2}; -3\}$;
    b) $\mathbb{G} = \{x \mid x \neq 1{,}5\}$; $\mathbb{L} = \{\tfrac{5}{2}; \tfrac{1}{2}\}$;
    c) $\mathbb{G} = \{x \mid x \neq 0\ ;\ x \neq 2\}$; $\mathbb{L} = \{3; \tfrac{2}{3}\}$;
    d) HN $= 2x(2x - 3)$; $\mathbb{G} = \{x \mid x \neq 0\ ;\ x \neq \tfrac{3}{2}\}$;
       $2(5 - 2x + 3x^2) - (3x - 5)(2x - 3) = 2x(2x - 3)$; $\mathbb{L} = \{5; \tfrac{1}{4}\}$;
    e) $\mathbb{G} = \mathbb{R}$; $\mathbb{L} = \{0; \tfrac{7}{3}\}$; $D = 0$;

Lösungen

f) $G = \{x \mid x \neq 3 ; x \neq -3\}$; $x^3 + 2x^2 - 15x = 0$;
$x_1 = 0$; $(x_2 = 3)$; $x_3 = -5$; $\mathbb{L} = \{0; -5\}$;

g) $G = \mathbb{R}$; $x^4 - x^2 - 12 = 0$; $x^2 = z$; $z_1 = 4$; $(z_2 - 3)$; $\mathbb{L} = \{2; -2\}$;

h) $G = \mathbb{R}$; $(x^2 - 5x - 3)^2 = 2(x^2 - 5x - 3) + 99$; $x^2 - 5x - 3 = z$;
$z^2 - 2z - 99 = 0$; $z_1 = 11$; $z_3 = -9$. Aus z_1: $x_1 = 7$; $x_2 = -2$;
aus z_2: $x_3 = 2$; $x_4 = 3$; $\mathbb{L} = \{-2; 2; 3; 7\}$.

2 $y = 2 - 3x$ in I: $3x^2 + 8x - 3 = 0$; $\mathbb{L} = \{(\frac{1}{3}; 1); (-3; 11)\}$.

3 Aus $D = k^4 - 10k^3 + 9k^2 = 0$ folgt $k_1 = 0$; $k_2 = 1$; $k_3 = 9$.

4 Kleinere Zahl x; größere Zahl: $x + 15$; $x(x + 15) = 756$.
Die Zahlen lauten 21 und 36 oder -36 und -21.

5 Seiten des Rechtecks: x cm und y cm.
I $x \cdot y = 24$; II $(x - 2)(y - 2) = 8$. $x^2 - 10x + 24 = 0$.
Die Seiten sind 6 cm und 4 cm lang.

6 Kante des Würfels: x cm. $(x + 2)^3 - x^3 = 386$; $x^2 + 2x - 63 = 0$.
Die Kanten sind 7 cm lang.

7 Eigengeschwindigkeit: x km/h.

	Geschwind. in km/h	Zeit in h	Weg in km
flußaufwärts	$x - 5$	$y + 1\frac{1}{2}$	90
flußabwärts	$x + 5$	y	90

I $(x - 5)(y + 1\frac{1}{2}) = 90$; II $(x + 5) \cdot y = 90$.
$2y^2 + 3y - 27 = 0$ oder $x^2 = 625$.
Die Eigengeschwindigkeit ist 25 km/h. Der Schleppkahn braucht
flußabwärts 3 Stunden.

8 Aus I folgt $y = x - \dfrac{4}{x}$. In II eingesetzt:
$x^2 - 4 - x^2 + 8 - \dfrac{16}{x^2} = 3$; $x^2 = 16$;
$\mathbb{L} = \{(4; 3), (-4; -3)\}$.

Lösungen

Programm K

K 1 $G = \{x \mid x \leq 0\}$; $\mathbb{L} = \{-4{,}5\}$.

K 2 $2x - 3 = 16$; $x = 9{,}5$. Probe: $\sqrt{19 - 3} = -4$ ist falsch.
Die Gleichung hat keine Lösung.

K 3 $x_1 = 3$; $x_2 = -2$. Probe für 3 in I: $\sqrt{18 - 3} - 6 = 3$ ist richtig.
Probe für 3 in II: $\sqrt{18 - 3} - 6 = -3$ ist falsch.
Probe für -2 in I: $\sqrt{8 + 2} - 6 = -2$ ist falsch.
Probe für -2 in II: $\sqrt{8 + 2} - 6 = 2$ ist richtig.
3 ist Lösung von I ; -2 ist Lösung von II.

K 4 $\mathbb{L}_1 = \{2; 3\}$; $\mathbb{L}_2 = \emptyset$; $\mathbb{L} = \{2; 3\}$. $\mathbb{L}_1 = \mathbb{L}$; $\mathbb{L}_2 \subseteq \mathbb{L}$

K 5 $7x + 2 = (x + 2)^2$; $\mathbb{L} = \{1; 2\}$; $\mathbb{L}_1 = \{1; 2\}$; $\mathbb{L}_2 = \emptyset$;
$\mathbb{L}_1 = \mathbb{L}$; $\mathbb{L}_2 \subseteq \mathbb{L}$.

K 6 $(4 - 2x)^2 = (\sqrt{5x^2 + 2x - 3})^2$; $x^2 + 18x - 19 = 0$; $\mathbb{L} = \{1; -19\}$.
Probe für $x_1 = 1$: $4 = \sqrt{5 + 2 - 3} + 2$ ist richtig.
Probe für $x_2 = -19$: $4 = \sqrt{1805 - 38 - 3} - 38$ ist richtig.

K 7 $(3\sqrt{16 + 4x - x^2})^2 = (-8 - x)^2$; $x_1 = 4$; $x_2 = -2$; $\mathbb{L} = \emptyset$.

K 8 $(x + 20)^2 = (7\sqrt{x + 8})^2$; $x_1 = 8$; $x_2 = 1$; $\mathbb{L} = \{8; 1\}$.
Beide Werte erfüllen die Gleichung.

K 9 $\sqrt{x^2 + 5} = z$; $z^2 + 5z - 24 = 0$; $z_1 = -8$ führt zu keiner Lösung.
$z_2 = 3 \Rightarrow x = \pm 2$; $\mathbb{L} = \{2; -2\}$.

K 10 Eine Wurzel kann nicht negativ sein. Die zweite Wurzel ist für jedes x positiv, da stets $3x^2 + 9 > 0$. Die Summe aus einer positiven Zahl und einer nicht negativen Zahl ist aber niemals Null.

K 11 $(\sqrt{x + 6})^2 = (6 - \sqrt{x})^2 \Rightarrow x + 6 = 36 - 12\sqrt{x} + x$; $2\sqrt{x} = 5$;
$\mathbb{L} = \{6\tfrac{1}{4}\}$.

Lösungen

K 12 $\sqrt{2x^2 + 3x} = z$; $2z - 1 = z^2 - 4$.
$z_1 = -1$ ergibt keine Lösungen. $z_2 = 3 \Rightarrow 2x^2 + 3x = 9$.
$x_1 = 1{,}5$; $x_2 = -3$. Probe stimmt für beide Werte $\Rightarrow \mathbb{L} = \{1{,}5; -3\}$.

Übungen zu Programm K

1   Die linke Seite ist > 0.

---

2   a) $\mathbb{L} = \{27\}$;
    b) $(\sqrt{x^2 + 4x - 5})^2 = (2 - 2x)^2$; $x_1 = 1$; $x_2 = 3$. $\mathbb{L} = \{1\}$.
    c) $\sqrt{x^2 - 3x} = z \Rightarrow z = \dfrac{10}{z} - 3$; $z_1 = -5$; $z_2 = 2$. $\mathbb{L} = \{-1; 4\}$.
    d) $(\sqrt{x^2 - 6x + 2})^2 = (\sqrt{x - 4})^2$. $x_1 = 6$. Für $x_2 = 1$ werden die Radikanden negativ, die Wurzeln existieren nicht. $\mathbb{L} = \{6\}$.

---

3   a) $(2\sqrt{x + 4})^2 = (3 + \sqrt{4x - 11})^2$; $3 = \sqrt{4x - 11}$; $x = 5$.
$\mathbb{L} = \{5\}$.

    b) $\sqrt{(2x - 3)(x + 3)} = x + 3$; $x_1 = 6$; $x_2 = -3$. Für $x_2 = -3$ werden Radikanden negativ. Probe für $x_1 = 6$ stimmt. $\mathbb{L} = \{6\}$.

    c) $2x + 1 + \sqrt{7 - 6x} = 4$; $(\sqrt{7 - 6x})^2 = (3 - 2x)^2$; $x_1 = 1$; $x_2 = \tfrac{1}{2}$. Probe stimmt für beide Werte. $\mathbb{L} = \{1; \tfrac{1}{2}\}$.

    d) $(\sqrt{5x - 1} + \sqrt{x - 1})^2 = (2\sqrt{3 - x})^2$;
$(\sqrt{5x^2 - 6x + 1})^2 = (7 - 5x)^2$.
$x_1 = 2$ keine Lösung. Probe für $x_2 = \tfrac{6}{5}$: $\sqrt{5} - 2 \cdot \sqrt{\tfrac{9}{5}} + \sqrt{\tfrac{1}{5}} = 0$;
$\sqrt{5} - 2 \cdot \tfrac{3}{5}\sqrt{5} + \tfrac{1}{5}\sqrt{5} = 0$; $\mathbb{L} = \{\tfrac{6}{5}\}$.

---

4   Größere Zahl: x, kleinere Zahl $65 - x$. $\sqrt{x} - \sqrt{65 - x} = 3$;
$x_1 = 49$; ($x_2 = 16$ keine Lösung). Die Zahlen sind 49 und $65 - 49 = 16$.

---

5   a) Quadrieren:
$4(3x + 7) - 4\sqrt{(3x + 7)(5x - 14)} + 5x - 14 = 2x + 11$.
Isolieren der Wurzel:
$4\sqrt{15x^2 - 7x - 98} = 15x + 3$.

Lösungen

Neuerliches Quadrieren führt schließlich auf
$15x^2 - 202x - 1577 = 0$ mit $x_1 = 19$, $x_2 = -\frac{83}{15}$.
Die Probe ergibt $\mathbb{L} = \{19\}$.

b) Quadrieren:
$6 - 5x + 4\sqrt{(6-5x)2(9-x)} + 8(9-x) = 27(4-x)$.
Isolieren und Quadrieren führt auf
$36x^2 + 792x - 828 = 0$ mit $x_1 = 1$, $x_2 = -23$.
Die Probe zeigt $\mathbb{L} = \{1; -23\}$.

c) Quadrieren:
$7x + 8 - 4\sqrt{(7x+8)(x-15)} + 4(x-15) = x + 18$.
Isolieren und nochmals quadrieren:
$12x^2 - 152x - 6820 = 0$ mit $x_1 = 31$, $x_2 = -\frac{55}{3}$.
Die Probe ergibt $\mathbb{L} = \{31\}$.

6 $(x^2 - 5x + 1) + 5 = 6\sqrt{x^2 - 5x + 1}$; $\sqrt{x^2 - 5x + 1} = z$.
$z_1 = 1$; $z_2 = 5$; $x_1 = 0$; $x_2 = 5$; $x_3 = -3$; $x_4 = 8$. Probe stimmt für alle Werte. $\mathbb{L} = \{0; 5; -3; 8\}$.

Test III

Aufgabe H
$(x - \frac{9}{4})^2 = -5 + \frac{81}{16}$; $\mathbb{L} = \{\frac{5}{2}; 2\}$.

Aufgabe I
$D = (3 - 2a)^2 - 4a(a - 2) = 9 - 4a$.

a) für $a < \frac{9}{4}$, $a \neq 0$; $x = \dfrac{2a - 3 \pm \sqrt{9 - 4a}}{2a}$;

b) für $a = \frac{9}{4}$ und für $a = 0$; $x = \frac{1}{3}$ bzw. $\frac{2}{3}$; c) für $a > \frac{9}{4}$.

Aufgabe J

	Zeit in s	Geschw. in $\frac{m}{s}$	Weg in m
normal	x	y	300
schneller	x − 2,5	y + 0,5	300

I $x \cdot y = 300$;   II $(x - 2,5)(y + 0,5) = 300$.

$2x^2 - 5x - 3000 = 0$. Er ist 40 s mit 7,5 $\frac{m}{s}$ gelaufen.

Aufgabe K
$(2\sqrt{x+1})^2 = (5 - \sqrt{9-x})^2$; $(2\sqrt{9-x})^2 = (6-x)^2$;
$x_1 = 8$; $x_2 = 0$.
Probe für 8: $1 + 2 \cdot 3 - 5 = 0$ ist falsch.
Probe für 0: $3 + 2 \cdot 1 - 5 = 0$ ist richtig. $\mathbb{L} = \{0\}$.

Programm L

L 1

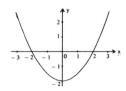

Lösungen

L 2

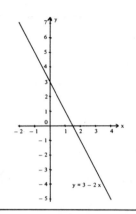

L 3 a) -4; b) -4; c) $-3\frac{1}{9}$.

L 4

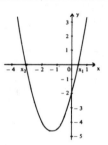

Nach der Zeichnung:
$x_1 \approx 0{,}4$,
$x_2 \approx -3{,}1$.

Nach der Rechnung:
$x_1 = 0{,}431$;
$x_2 = -3{,}10$.

L 5

Nach der Rechnung:
$D < 0 \Rightarrow$ keine Lösung.
Die Parabel trifft die x-Achse nicht.

L 6 Nein; denn es ist $D = 3^2 - 4 \cdot 2 \cdot 5 < 0$.

Lösungen

L 7   a) 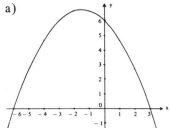   b)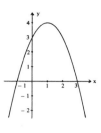

L 8   Probe für − 1,5:   − 3,375 − 5,625 + 6 + 3 = 0, genaue Lösung.
Probe für 0,6:   0,216 − 0,9 − 2,4 + 3 = − 0,084, Näherungslösung.
Probe für 3,4:   39,304 − 28,9 − 13,6 + 3 = − 0,196, Näherungslösung

L 9

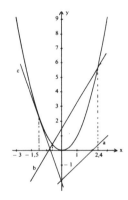

Geraden: a) $y = x - 2$;   b) $y = \frac{7}{4} x + 1 \frac{1}{2}$;   c) $y = -3x - 2\frac{1}{4}$.
Lösungen: a) $\mathbb{L} = \emptyset$;   b) $\mathbb{L} = \{2,38 ; -0,63\}$;   c) $\mathbb{L} = \{-\frac{3}{2}\}$.

Lösungen

Übungen zu Programm L

1 a) 3 ; 6 ; 42 ;   b) 4 ; 5 ; 5.

2 a) 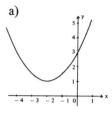 b) 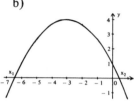 c)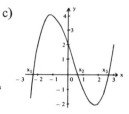

Keine Schnittpunkte $x_1 = -6,5$; $x_1 = -2,3$; $x_2 = 0,6$;
                      $x_2 = 0,5$. $x_3 = 2,7$.

3 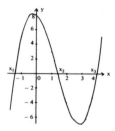 $x_1 = -1,4$; $x_2 = 1,4$; $x_3 = 4$.

4 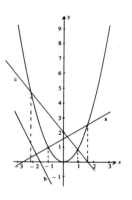   Geraden: a) $y = 0,6\,x + 1,6$;
                                    b) $y = -2\,x - 3$;
                                    c) $y = -1\tfrac{1}{4}\,x + 2$

Lösungen: a) $\mathbb{L} = (1,6;\,-1)$;   b) $\mathbb{L} = \emptyset$;   c) $\mathbb{L} = \{-2,2\,;\,0,9\}$.

Lösungen

Programm M

M 1 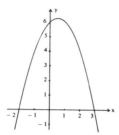 $\mathbb{L} = \{x \mid -2 < x < 3\}$.

M 2 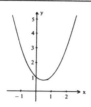 $\mathbb{L} = \emptyset$.

M 3 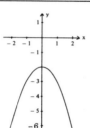 $\mathbb{L} = \mathbb{R}$.

M 4 2. a) $\mathbb{L} = \{x_1\}$; 2. b) $\mathbb{L} = \mathbb{R}$.

M 5 $\mathbb{L} = \{x \mid x \leqslant x_1 \ \vee \ x \geqslant x_2\}$.

M 6 $f(-5) = -30 < 0$; $f(-3) = -4 < 0$; $f(2) = -9 < 0$.

M 7 a) $\mathbb{L} = \{x \mid -1 < x < \frac{1}{4}\}$; b) $\mathbb{L} = \{3\}$; c) $\mathbb{L} = \mathbb{R}$.

M 8 $D = a^2 - 12a + 36 = (a-6)^2$ ist stets $\geqslant 0$. $\mathbb{L} = \left\{-1; 2 - \frac{a}{2}\right\}$.

Lösungen

Übungen zu Programm M

1. a) $a > 0$; b) nur $\{x \mid x \leq x_1 \lor x \geq x_2\}$ und $\mathbb{R}$.

2. a) $\mathbb{L} = \{x \mid -2 < x < 9\}$; b) $\mathbb{L} = \{x \mid x \leq -3 \lor x \geq \frac{3}{2}\}$;
   c) $\mathbb{L} = \mathbb{R}$; d) $\mathbb{L} = \{2,5\}$.

3. 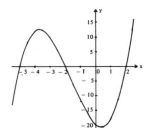 $\mathbb{L} = \{x \mid -5 < x < -2 \lor x > 2\}$.

4. $D = -3k^2 - 4k + 4 < 0$ für $\{k \mid k < -2 \lor k > \frac{2}{3}\}$.

Test IV

Aufgabe L

a) 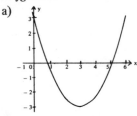 $x_1 = 5{,}1$; $x_2 = 0{,}9$

b) Die Parabel berührt die x-Achse.

Aufgabe M

$\mathbb{L} = \{x \mid x \leq -\frac{4}{3} \lor x \geq \frac{3}{4}\}$.

Lösungen

Programm N

N 1 $x = \dfrac{a \pm \sqrt{a^2 + 24a^2}}{2a} = \dfrac{a \pm 5a}{2a} = \dfrac{1 \pm 5}{2}$; $x_1 = -2$; $x_2 = 3$.

N 2 $3x^2 + 9x - 4x - 12 = 3x^2 + 5x - 12$.

N 3 $ax^2 - ax(x_1 + x_2) + ax_1 \cdot x_2 = ax^2 - ax \cdot \dfrac{-2b}{2a} + a \cdot \dfrac{b^2 - D}{4a^2}$

$= ax^2 + bx + a \cdot \dfrac{4ac}{4a^2} = ax^2 + bx + c$.

N 4 $12 \cdot (x - 3)(x + \tfrac{5}{12}) = (x - 3)(12x + 5)$.

N 5 $D = a^2 - 30a + 81 = 0 \Rightarrow a_1 = 27$; $a_2 = 3$.
Faktorenzerlegung: $3 \cdot (x + 6)^2$ bzw. $3 \cdot (x + 2)^2$.

N 6 a) ja, da $D > 0$; b) nein ; c) nein, da $D < 0$;
d) ja, da $D = 0$.

N 7 a) $x_1 + x_2 = 5$; b) $x_1 \cdot x_2 = 6$; c) $x_1 = 2$; $x_2 = 3$.

N 8 Beide negativ. $x_1 = -1$; $x_2 = -8$.

N 9 a) $4 \cdot x_2 = -36 \Rightarrow x_2 = -9$; $p = -(4 - 9) = 5$.
b) $16 + 4p - 36 = 0 \Rightarrow p = 5$. $x^2 + 5x - 36 = 0 \Rightarrow x_1 = 4$; $x_2 = -9$.

N 10 $x_2 = 3x_1$; $x_1 + 3x_1 = 6$; $x_1 = 1{,}5$; $q = 1{,}5 \cdot 4{,}5 = 6{,}75$.

N 11 $N_1 = (2x - 3)(x + 1)$; $N_2 = (5x - 4)(2x - 3)$;
$N_3 = (5x - 4)(x + 1)$; $HN = (2x - 3)(x + 1)(5x - 4)$;
Summe der Brüche $= \dfrac{28}{(2x - 3)(5x - 4)}$.

Übungen zu Programm N

1 a) $(x + 4)(x - 11)$; b) $(9x - 7)(2x + 3)$;
c) $3(6x - 5)(5x + 2)$.

Lösungen

2 a) $\dfrac{(x-3)(x+8)}{(x-3)(x-7)} = \dfrac{x+8}{x-7}$; b) $\dfrac{3(2x^2-x-3)}{2(x^2+3x+5)}$; c) $\dfrac{3x-4}{4x-3}$.

3 a) $6(x-1)(x-2)(x+3)$; b) $2x(2x-3)(2x+3)(3x+2)$.

4 $x^2 + 5x - 204 = 0$. Die Zahlen heißen -17 und 12.

5 $x_2 = -3$; $p = -3$.

6 $x_2 = -5$; $q = -10$.

Programm O

O 1 $(2x+a)(x+4) = 2x^2 + 5x - 12 \Rightarrow a + 8 = 5$ und $4a = -12$.
Beide Gleichungen werden durch $a = -3$ erfüllt.

O 2 $(5x-2)(x+1) + r = 5x^2 + 3x - 7 \Rightarrow r = -5$.

O 3 $5x : x = 5$; $r = (5x-7) - 5(x+1) = -12$. Ergebnis: 5 Rest (-12).

O 4 $(x^2 + 3x - 8) : (x+5) = x - 2$ Rest 2.
$$\begin{array}{r} x^2 + 5x \\ \hline -2x - 8 \\ -2x - 10 \\ \hline 2 \end{array}$$

O 5 Es ergibt sich $2x^2 - 3x + 3$ Rest 0.

O 6 $2x^2 - x + 3$.

O 7 $p_4(x) = a_4 x^4 + a_3 x^3 + a_2 x^2 + a_1 x + a_0$.

O 8 $(-5x^3 + 6x^2 + 0 \cdot x - 8) : (x-3) = -5x^2 - 9x - 27$ Rest (-89).

O 9 a) $2x^3 + x^2 + 9x + 27$ Rest 73; b) $p_4(x) = p_3(x) \cdot (x-c) + r$.

O 10 Rest 38. $5x^2 + 8x + 23$ Rest 38.

Lösungen

O 11 Nullstelle $x = 1$. $\quad x^5 - 1 = (x - 1)(x^4 + x^3 + x^2 + x + 1)$.

O 12 Nullstellen des Nenners: -3 und 2. -3 ist Nullstelle des Zählers.
Mit $x + 3$ läßt sich kürzen: $\dfrac{2x^3 - 6x^2 + 18x - 5}{x - 2}$.

Übungen zu Programm O

1 a) $2 \cdot (-2)^3 - 2 - 4 = -22$; b) 0.

2 a) $2x + 3$; b) $x^2 + x + 1$ Rest 2; c) $3x^2 - 6x - 12$ Rest 1;
d) $2x^3 - 6x^2 + 21x - 68$ Rest 205.

3 $2 \cdot (-2)^3 + a(-2)^2 - 4 \cdot (-2) = 0 \Rightarrow a = 2$.

4 a) $\dfrac{x + 7}{2x^2 + 4x + 1}$; b) $\dfrac{x^2 + x + 2}{x + 1}$.

Programm P

P 1 $x^2 - x - 20 = 0$; $x_1 = -1$; $x_2 = 5$; $x_3 = -4$.

P 2 1; -1; 3; -3; $\frac{1}{2}$; $-\frac{1}{2}$; $\frac{3}{2}$; $-\frac{3}{2}$.
Die Probe ergibt: -1; -3 und $\frac{1}{2}$ sind Lösungen.

P 3 Umformung zu $a_2 p^2 + a_1 pq + a_0 q^2 = -\dfrac{a_3}{q} \cdot p^3$.
Die linke Seite ist ganzzahlig, also auch die rechte. Da p und q teilerfremd sind, ist q ein Teiler von a_3.

P 4 $x_1 = 3$. $x^2 + 2x + 5 = 0$ hat keine Lösungen. $\mathbb{L} = \{3\}$.

P 5 $p_3(x) = (x + 1)(3x - 4)(2x - 3)$.

P 6 $p_4(x) = (x - 1)(x - 1)(3x + 2)(x + 2)$.

Lösungen

Übungen zu Programm P

1.   a) $5x^2 + 4x + 1 = 0$; $\mathbb{L} = \{-2\}$;
   b) $6x^2 - 5x - 6 = 0$; $\mathbb{L} = \{-4; \frac{3}{2}; -\frac{2}{3}\}$.

2.   a) $1; -1; 2; -2; 3; -3; 6; -6$.   Probe stimmt für $-1; 2; -3$.
   b) $1; -1; 3; -3; \frac{1}{2}; -\frac{1}{2}; \frac{3}{2}; -\frac{3}{2}$.   Probe stimmt für $-1; 3; \frac{1}{2}$.
   c) $1; -1; 2; -2; 4; -4$.   Die Probe stimmt in keinem Fall.

3.   a) $\mathbb{L} = \{-1; 3; -5\}$;   b) $\mathbb{L} = \{1; -2\}$;
   c) $\frac{2}{3}$ ist Lösung. $3x^2 + 9x + 3 = 0$. $\mathbb{L} = \left\{\frac{2}{3}; \frac{-3+\sqrt{5}}{2}; \frac{-3-\sqrt{5}}{2}\right\}$.

4.   a) $(x+2)(2x-3)(2x+1)$;   b) $(x+1)^3 (x-2)$;
   c) $(x+2)(2x^2 - x + 1)$.

Test V

Aufgabe N
a) Wegen $x_1 \cdot x_2 = -27$ sind sie verschieden.
b) $p = 6$; $x_2 = -9$.

Aufgabe O
a) $3x^3 - 6x^2 + 12x - 12$ Rest 24.
b) Der Rest ergibt sich durch Einsetzen von $x = -2$ in $3x^4 + 12x$.

Aufgabe P
$x_1 = -2 \Rightarrow 2x^3 - 3x^2 - 6x + 9 = 0$; $x_2 = \frac{3}{2} \Rightarrow 2x^2 - 6 = 0$.
$p_4(x) = (x+2)(2x-3)(x-\sqrt{3})(x+\sqrt{3})$.

In der Reihe „Vorbereitung auf das Abitur" liegen folgende Bände vor:

Mathematik

Gloggengießer/Lhotzky
Infinitesimalrechnung für
Grund- und Leistungskurse

Gloggengießer/Lhotzky
Abbildungsgeometrie für
Leistungskurse

Gloggengießer/Kröplin/Lhotzky
Wahrscheinlichkeit/Statistik

Gloggengießer/Lhotzky
Vektorrechnung

Gloggengießer/Lhotzky
Infinitesimalrechnung für
konventionelle Oberstufe

Deutsch

Berger/Haugg/Migner
Textanalysen
und Interpretationen
Grund- und Leistungskurse

Baumgartner/Stolz
Problemaufsatz

Englisch

Floßmann/Scott
Textaufgaben

Französisch

Edenhofer/Lhotzky-Branduy
Textaufgaben mit Versionen

Latein

Berber
Die Technik des Übersetzens

In der Reihe „Vorbereitung auf die Abschlußprüfung an Realschulen" liegen folgende Bände vor:

Mathematik

Morawetz/Prölß
Teil 1: Algebra

Morawetz/Prölß
Teil 2: Geometrie

Morawetz/Prölß
Teil 1: Trigonometrie

Morawetz/Prölß
Teil 2: Algebraische Geometrie

Deutsch

Migner/Nowak
Der Prüfungsaufsatz

Englisch

Edenhofer/Taylor
Diktat/Übersetzung/Comprehension

Chemie

Gutsch
Organische Chemie

Physik

Gloggengießer/Lhotzky/Prölß
Elektrizitätslehre